Offene Kreise

Offene Kreise

Fragen und Grenzen der Wissenschaft

Herausgegeben von
Dominik Becher und Elmar Schenkel

PETER LANG
Frankfurt am Main · Berlin · Bern · Bruxelles · New York · Oxford · Wien

Bibliografische Information der Deutschen Nationalbibliothek
Die Deutsche Nationalbibliothek verzeichnet diese Publikation in der Deutschen Nationalbibliografie; detaillierte bibliografische Daten sind im Internet über http://dnb.d-nb.de abrufbar.

Die Illustrationen tragen die Titel
„6 Kreisbögen in Blau II", 2011 (Umschlag)
und „1 Kreis + 4 Vierecke", 2008 (Motto).
Beide Abbildungen werden
mit freundlicher Genehmigung
der Künstlerin Susanne Werdin gedruckt.

Gedruckt auf alterungsbeständigem,
säurefreiem Papier.

ISBN 978-3-631-63600-8

www.peterlang.de

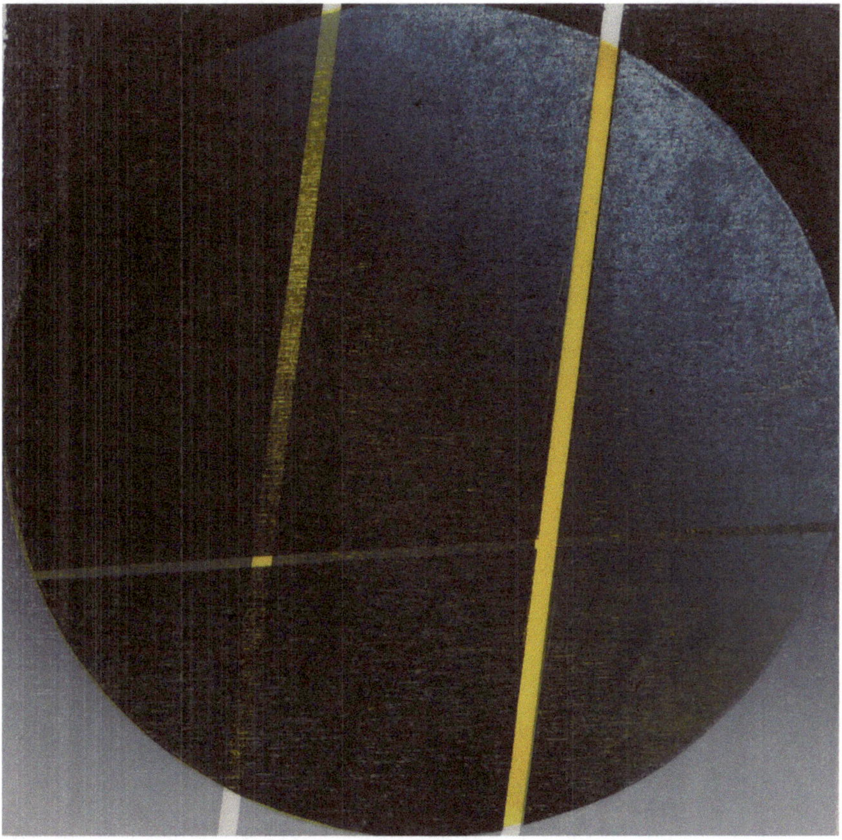

Susanne Werdin, *1 Kreis + 4 Vierecke*, 2008.

„Wenn uns ein Engel einmal aus seiner Philosophie erzählte, ich glaube, es müßten wohl so manche Sätze klingen als wie 2 mal 2 ist 13.“

Georg Christoph Lichtenberg

Inhalt

II. Grenzen der Wissenschaft

Vorwort

Neulich hatte ich eine Diskussion mit einer langjährigen Freundin, die plötzlich behauptete, es sei doch wohl klar, dass die Bibel über der Wissenschaft stehe. Sie war aber keine christliche Fundamentalistin, sondern hatte sich selbst diese Gedanken zurechtgelegt und mit anderen Gedanken über die Befreiung der Tiere verbunden. Sie hatte auch den postmodernen Gedanken aufgeschnappt und eingearbeitet, dass alles konstruiert sei, dass wir mithin auch Glaubenssätze artikulieren, wenn wir Wissenschaft referieren. Es werde ja doch alles bald wieder hinterfragt und über den Haufen geworfen. Deshalb brauche man sich etwa mit diesem Darwin gar nicht erst groß abgeben.

Wenn ein Einzelner so denkt, mögen wir nicken oder weghören. Wir sollten aber nicht vergessen, dass es eine wachsende Zahl von Menschen gibt, die genauso denken, beeinflusst durch christlichen oder islamischen Fundamentalismus, der sich immer mehr der Massenmedien bedient. Eine oberflächliche Medienkultur und Skepsis gegenüber Wissenschaft, die nur zu oft berechtigt ist, breitet sich auch auf jene aus, denen Wissenschaft insgesamt ein rotes Tuch ist.

Vielleicht sind sie in der Schule traumatisiert worden durch Formeln und Fremdwörter, mit Sicherheit nehmen sie teil an einem großen Verdrängungsprozess. Die Verdrängung betrifft aber die Grundlagen unserer Moderne. Was etwa im amerikanischen Wahlkampf dieser Tage (Herbst 2011) über Evolution, Impfung und medizinische Vorbeugung zu hören ist, lässt einem die Haare zu Berge stehen.

Der säkulare Elfenbeinturm der deutschen Universität scheint von dieser Wissenschaftsscheu bislang noch wenig Notiz genommen zu haben, aber die Zeit ist da, sich stärker mit diesen weltanschaulichen Abgründen zu beschäftigen und die rhetorischen Mittel zu üben. Denn mit diesen müssen wir erklären, warum Wissenschaft etwas Besonderes und Einmaliges ist auf dieser Welt, das sich abhebt von den Religionen, auch wenn es sich mit ihnen immer wieder einlässt und einlassen muss.

Das vorliegende Buch ist nicht zufällig aus einer Vorlesungsreihe des Studium universale im Jahre 2009 an der Universität Leipzig entstanden. In diesem Jahr feierte die sächsische Universität ihren 600. Geburtstag. Genug Anlass also, sich den Ursprüngen und den Zukünften der Wissenschaft als solcher zu widmen. Aber was ist Wissenschaft? Lässt sich mit einem Wort bezeichnen, was als extrem diverse Formen von Erkenntnis und Wissensordnung erscheint – von der Theologie bis zur Psychologie, von der Germanistik zur Biologie? Im Vorfeld der Planung zu dieser Reihe wurde uns bewusst, wie wenig die Wissenschaften untereinander sich überhaupt kennen. Der Linguist kann mit der Theologie rein gar nichts anfangen, und in den Naturwissenschaften hält man die Geisteswissenschaftler eher für Schwätzer. Letztere wiederum haben nicht die Spur einer Ahnung von Laborarbeit, Präzision und Überprüfbarkeit, wie sie in den Naturwissenschaften gang und gäbe sind (oder sein sollten). Der Poststrukturalismus lehrte die einen, dass das, was die anderen unter dem Deckmantel der Objektivität treiben, ohnehin nur konstruiert sei, während die anderen sich gar nicht erst auf Relativierung, Historisierung oder Selbstbefragung einlassen wollen. Im 600. Jahr nach der Gründung der Leipziger Universität, können wir diese historischen Gräben nur bestätigen. Allerdings sind wir auch Zeugen massiver Umwälzungen im Bereich von Wissenspolitik und Wissensvermittlung dank der elektronischen Medien. Das Internet erzeugt neben vielen Abspaltungen auch neue Allianzen, und so auch vielleicht zwischen Gruppen von Wissenschaftlern aus den verschiedensten Lagern.

So begeht Ernst Peter Fischer als einer der populärsten Wissenschaftsvermittler Deutschlands immer auch eigene Wege, wenn er Parallelen zieht zwischen der Romantik und der Wissenschaft und einem romantischen Impuls noch in der neueren Physik auf der Spur ist. Damit schlägt er den Grundtenor an: die Suche nach der Diagonale zwischen den Wissenschaften. Die weiteren Artikel des ersten Teils skizzieren die Lage der Wissenschaften sowohl aus zentralen Fragestellungen heraus – wie etwa der philosophischen Frage nach dem Ort und der Wertigkeit von Wissenschaft im Leben –, als auch von den Rändern her, wenn etwa nach der Rolle des exzentrischen Denkens und Handelns gefragt wird. In letzter Zeit ist außerdem wissenschaftliches Fehlverhalten zu einem Politikum geworden und wirft in den Medien ein schlechtes Licht auf akademische Kontrolle. Wie sieht es aber nun in der Wirklichkeit damit aus?

Im zweiten Teil werden historische Linien gezogen und einzelne Wissenschaften und deren Grenzbereiche in der Praxis ausgelotet. Einst die erste aller Wissenschaften, ist heute die Rolle der Theologie auf dem Prüfstand. Mit welchem Recht und Ziel wird sie gelehrt? Was ist an ihr dem wissenschaftlichen Geist zugänglich? Auch die Alchemie bedarf einer Ehrenrettung, gerade in Zeiten ihrer esoterischen Verschwendung; und sie sollte von einem Chemiehistoriker geleistet werden.

Wilhelm von Humboldt wird gerne zitiert, gern als Verteidigung auch eines studium universale oder generale. Wie war aber sein Bildungsbegriff wirklich beschaffen?

Zwei Beiträge widmen sich der Wissenschaft in der Praxis. Auf welche Schwierigkeiten stoßen wissenschaftliche Erkenntnisse, wenn sie realisiert werden sollen – etwa in der Farbgebung von Krankenhausräumen? Und was hat ein populäres Unternehmen wie Gunther von Hagens' Körperwelten überhaupt mit Wissenschaft zu tun?

Die Sprache der Wissenschaften bildet eine Klammer nicht nur für die zwei Teile unserer Sammlung, sondern überhaupt für die Problematik, Wissenschaft einer Öffentlichkeit mitzuteilen. Wohl niemand hat in den letzten Jahrzehnten intensiver darüber nachgedacht als der Freiburger Germanist und Sprachwissenschaftler Uwe Pörksen (vgl. seine Bücher *Plastikwörter* und *Weltmarkt der Bilder*).

Wir danken ihm für die Möglichkeit, seinen Aufsatz abdrucken zu können (er war nicht Teil der genannten Vorlesungsreihe). Außerdem geht unser Dank, wie immer, an Katja Brunsch, unsere unersetzliche Korrektorin.

Elmar Schenkel

I. Fragen der Wissenschaft

Ernst Peter Fischer

Metamorphosen der Wissenschaft. Wie das Forschen modern und romantisch wurde

„Alle Menschen streben von Natur aus nach Wissen“, wie schon Aristoteles aufgefallen ist, der mit dieser Bemerkung sein großes Werk mit dem Titel *Metaphysik* beginnt. Der griechische Naturforscher und Philosoph hätte seine Einsicht auch in die Worte kleiden können, „Ich weiß, dass ich wissen will“, und dieser Satz scheint mir eine tiefer und weiter reichende Weisheit zu sein als die, die Sokrates uns geliefert hat, der bekanntlich nur wusste, dass er nichts wusste, ohne zu merken und sich zu vergegenwärtigen, dass er doch unentwegt etwas wissen wollte.

Die Geburt der modernen Wissenschaft in Europa

Die Worte des Aristoteles können sich natürlich nur auf die Menschen beziehen, die er im Laufe seines Lebens zu Gesicht bekommen hat, und dies sind vornehmlich Menschen aus der europäisch-abendländischen Welt gewesen. An ihnen bestätigt sich inzwischen in geradezu unheimlicher Weise, was Aristoteles gesagt hat, denn die europäische Kultur hat seit dem 17. Jahrhundert dem ihr innewohnenden Streben nach Wissen die hochgradig organisierte Form gegeben, die wir Wissenschaft nennen. Die moderne Wissenschaft, die wir bis in unsere Tage mit großem Erfolg betreiben, beginnt ungefähr zu der Zeit, als der Dreißigjährige Krieg ausgetragen wird, und der Ort, an dem sie entsteht, ist Europa. Die wissenschaftliche Revolution, die nach der Kopernikanischen Vorleistung von 1543 und der damit einhergehenden Wende vom geozentrischen zum heliozentrischen Weltbild vollzogen wird, läßt sich von den Personen her an einem europäischen Quartett festmachen – dem Briten Francis Bacon, dem Deutschen Johannes Kepler, dem Italiener Galileo Galilei und dem Franzosen René Descartes. In den Titeln der wissenschaftlichen Werke, die diese Männer verfassen – übrigens kaum noch im gelehrten Latein, sondern zunehmend in der jeweiligen Landessprache –, findet sich immer wieder das Wort „neu“, und tatsächlich entsteht damals die neue Form der Wissenschaft, deren wesentliches Ziel darin besteht, „die Mühseligkeit der menschlichen Existenz zu erleichtern“, wie es in der Sprache von Bertolt Brecht heißt, der diese Worte seinem Helden im *Leben des Galilei* in den Mund legt.

Wissen ist Macht

Es ist nun vor allem Francis Bacon, der die Idee hat, dass man die Natur beherrschen und für die Zwecke der Menschen nutzen kann, wenn man ihre Gesetze kennt. „Wissen ist Macht“, lautet die Vorgabe, die in dieser Form nicht von Bacon selbst stammt, sondern von der Nachwelt geprägt worden ist, die diesen Auftrag verstanden hat. Bacon möchte Fortschritte für die Menschen, und er sieht ihre Quelle in den Fortschritten der Forschung. Wissenschaftlicher Fortschritt ist für ihn und seine Zeit humaner Fortschritt, und dieser notwendige wissenschaftliche Fortschritt gelingt, wenn man die Gesetze der Natur ermittelt (und nutzt). Um sie zu erfahren und kennenzulernen, muss man die Natur selbst fragen, und dies tut man in Form des Experiments, das damals die Bühne der Kultur betritt.

Was sich im Rückblick scheinbar selbstverständlich ausnimmt – nämlich die Idee des Experiments –, benötigte in Wahrheit eine ungeheure Vorstellungskraft, wobei ein Aspekt besondere Aufmerksamkeit verdient, und zwar der Aspekt der induktiven Logik, wie es technisch heißt. Das Problem, das Bacon gesehen und gelöst hat, besteht darin, dass ein Experimentator bei einem Versuch nur eine *einzelne* Beobachtung machen kann, aus der er dann auf ein *allgemeines* Gesetz schließen will. Dieser Schritt gelingt nur dann – so Bacon –, wenn man das Streben nach Wissen mit einer Hypothese beginnen lässt, die im Rahmen eines Versuchs getestet – und dabei als passend befunden oder als unzutreffend verworfen – werden kann. Tatsächlich ist schlagartig mit Bacon (und seinen Zeitgenossen) das für die Wissenschaft charakteristische Vorgehen da: Man bildet eine Hypothese, man macht ein Experiment, man vergleicht Vorhersagen der Hypothese mit dem Resultat und zieht seine Schlüsse und versucht, einen präzisen Zusammenhang in Form eines Gesetzes zu formulieren.

Die Überzeugung, dass es solche Gesetze – in mathematischer Darstellung – geben müsse, verkündete ebenfalls im frühen 17. Jahrhundert Galileo Galilei, der die grundlegende Einsicht zu Papier brachte, dass das Buch der Natur in mathematischer Sprache geschrieben sei und man eben den Dialekt der Rechenoperationen begreifen müsse, um die Natur verstehen und ihr zureden zu können.

Musterbeispiel für das, was Galilei meinte, waren die drei Gesetze, die Johannes Kepler für die Bewegung der Planeten ermittelte, und mit diesem Erfolg und mit diesem System brachte man die Wissenschaft auf ihren modernen Weg, den sie bis in unsere Tage hinein geht und auf dem sie gewaltig vorangekommen ist.

Die besondere Rolle von René Descartes steckt dabei nicht allein in der zerlegenden Methode, die er als wissenschaftliche Weise des Vorgehens definiert hat und die heute als Verfahren der Reduktion in jedem Laboratorium praktiziert wird. Sie steckt vor allen in der berühmten Trennung, die er zwischen Körper und Geist oder zwischen Leib und Seele machte, und deren Berechtigung vielfach komplizierte philosophische Debatten nach sich zieht. Bei diesem Schnitt durch die Einheit der Welt hatte Descartes – im Baconschen Sinne – etwas ganz einfaches und praktisches im Sinn, nämlich die Möglichkeit, den Tieren die Seele herauszunehmen, um auch sie für Experimente offen und verfügbar zu machen. Mit Descartes wurden Tierversuche philosophisch abgesegnet und also praktikabel, und so nahm auch diese Entwicklung und die damit zusammenhängende wachsende Verfügbarkeit des Lebens ihren Lauf.

Organisation und Spezialisierung

Es ist offensichtlich, dass mit dem europäischen Quartett eine ungeheure Wende im Vorgehen der Menschen eintritt, die nach Wissen streben. Das bis zu dieser Epoche vielfach mystisch und allein qualitativ orientierte Suchen wird nun rationalisiert und quantifiziert. Das Messen wird wichtiger als das Spekulieren, und Gewissheit bezieht man weniger aus dem Glauben und mehr aus dem Wissen. Dabei richtet man zugleich zunehmend den Blick nach vorne und ist davon überzeugt, für die Zukunft Fortschritte erreichen zu können. Mit einem Mal liegt das Gute vor und nicht mehr *hinter* den Menschen, die nun gezielt beginnen, für die Verbesserung ihrer Lebensbedingungen zu arbeiten und sich darüber hinaus weigern, Geschichte als schicksalhafte Abläufe hinzunehmen, auf die man selbst keinerlei Einfluss nehmen kann.

Um dieses wissenschaftliche Handeln möglichst wirksam werden zu lassen, schlägt Bacon konsequent vor, dass sich Wissenschaftler zusammenschließen und Akademien und Forschungsgemeinschaften gründen. Dies geschieht dann auch im auslaufenden 17. Jahrhundert, indem etwa in England die Royal Society und in Deutschland die Leopoldina gegründet wird.

Damit ist die Bühne bereitet für das 18. und 19. Jahrhundert, in dem die Grundlagenwissenschaften entstehen, die heute noch den Schulunterricht bestimmen. Zuerst gelingt es Isaac Newton, die moderne *Physik* zu schaffen, indem er zeigt, dass die Gesetze auf der Erde auch im Himmel gelten und also als universell anzusehen sind. Ihm folgt der Franzose Antoine Lavoisier, der das quantitative Element in die *Chemie* einführt – konkret in Form einer Waage –, die mit ihrer Hilfe eine bessere Theorie der Verbrennung zustande bringt und sich von der antiken Elementlehre löst, indem sie zum Beispiel zeigt, dass Luft nicht ein elementarer Stoff ist, sondern aus vielen Bestandteilen besteht. Und im 19. Jahrhundert treten erst Jean Baptiste Lamarck und dann Charles Darwin auf, die dafür sorgen, dass man den Gedanken von unveränderlichen Arten aufgibt, um ihn durch die Idee der Evolution zu ersetzen, die als konzeptionelle Grundlage erlaubt, die Wissenschaft vom Leben aufzubauen, die heute *Biologie* heißt.

Diese Wissenschaft geht methodisch nach den Grundsätzen vor, die Bacons Zeit erarbeitet hat, und sie wird durch große Einzelpersönlichkeiten bestimmt, für die damals auch die Universitäten strukturiert werden. Diese staatlichen Einrichtungen sollen es einem Forscher – nach den Grundsätzen Wilhelm von Humboldts von 1810 – erlauben, „in Einsamkeit und Freiheit“ Wissen zu erwerben.

Die letzte Jahrhundertwende

Nach der skizzierten wissenschaftlichen Revolution im 17. Jahrhundert und der nachfolgenden Herausbildung der Einzeldisziplinen bekommt die Wissenschaft unter den genannten Vorgaben eine ungeheure Macht – die Chemie erringt zum Beispiel eine nicht zu überschätzende gesellschaftliche Bedeutung durch das Entstehen der chemischen Industrie, und die Physik macht ungeheuren Eindruck in philosophischen Zirkeln, die sich dem hier entwickelten Weltbild – dem Weltbild der klassischen Physik – fügen und wissenschaftliche Begriffe wie Energie, Entropie und Potential in ihr Denken aufnehmen. Die Forscher selbst prägen den Begriff vom „naturwissenschaftlichen Zeitalter“, das im Alltag den Menschen wundersame Kommunikations und Transportmittel zur Verfügung stellt, während es im Denken – so will es nach 1890 scheinen – der großen Vollendung entgegen strebt. Die Gesetze der Physik scheinen bekannt, die Verbindungen der Chemie scheinen beschrieben, und die Prinzipien der Biologie scheinen verstanden – bis mit dem Beginn des 20. Jahrhunderts mit ungeheuren Paukenschlägen alles neu und anders wird. Erst tauchen Unstetigkeiten in der Natur bzw. Physik auf, die später Quanten heißen und es nach schmerzlichen Einsichten erlauben, die Atome besser zu verstehen. Dann wird man auf Gesetze der Vererbung aufmerksam, die eine ganz neue Wissenschaft ermöglichen, die der Genetik. Weiter bemerkt man, dass Raum und Zeit anders sind, als Newton dies sah. Zuletzt dringt die Chemie immer weiter in die Zelle vor, um eine Biochemie zu werden, die sich später zur Molekularbiologie mausert und inzwischen als Biotechnologie die Rolle für die industrielle Entwicklung spielt, die vor mehr als 100 Jahren der Chemie zugefallen war.

Die soziale Komponente

Wesentlich bei diesen sowohl theoretischen als auch technischen Entwicklungen ist die Tatsache, dass im Gegensatz zu der guten alten Zeit kein einzelner Wissenschaftler mehr in der Lage ist, einen maßgeblichen Fortschritt zu erzielen. Wissenschaft wird immer mehr zur Sozialgeschichte, zum Erfolg von Gruppen oder Teams, die es zu organisieren und zu finanzieren gilt.

Als erstes Beispiel sei die Physik der Atome genannt, deren gesellschaftlichen und politischen Konsequenzen jeder vor Augen hat, der die Stichworte Atomkraft oder Atombombe gehört hat. Ein Blick auf die Entwicklung der Theorie, die heute als Quantenmechanik der Lehrstoff der Vorlesung ist und ohne die es keine Anwendung von Atomenergie gegeben hätte, zeigt, dass zu ihrer erfolgreichen Durchführung ein raffiniertes Netz der Kommunikation zwischen Menschen und Instituten nötig war, an dem unterschiedliche Talente beteiligt sein mussten – die kreativen Genies ebenso wie die kritischen Geister. Und an ihrem heutigen Ende hat die Atomphysik die Notwendigkeit großer Beschleuniger mit sich gebracht, die zum einen nur noch von enorm umfangreichen Teams betrieben werden können, die zum zweiten so teuer geworden sind, dass selbst nationale Budgets nicht mehr zu ihrer Finanzierung ausreichen und internationale Organisationen – wie das CERN in Genf – erforderlich werden.

Es ist aber vor allem die Molekularbiologie, die zeigt, wie sehr es nicht mehr einzelne Forscher, sondern deren Gemeinschaft ist, die zu Ergebnissen kommt. Die große Zeit der sich den zentralen Molekülen des Lebens zuwendenden Wissenschaft der Biologie beginnt im Schatten des Zweiten Weltkriegs und erreicht ihren ersten Höhepunkt mit der Entdeckung der Struktur des Erbmaterials im Jahre 1953. Es sind in dieser Phase der Entwicklung zunächst Paare von Forschern, die dabei Erfolg haben, und als Beispiele lassen sich Max Delbrück und Salvatore Luria bzw. James Watson und Francis Crick aufführen. Dabei ist es zum einen wichtig, sich klarzumachen, dass in den Paaren erneut das internationale Element eine Rolle spielt – die genannten Personen stammen aus Deutschland, Italien, den USA und England. Und es ist weiter wichtig, sich zu verdeutlichen, dass in den Paaren unterschiedliche Disziplinen zusammenkommen, um in der dann interdisziplinären Gemeinschaft Lösungen zu finden. In den genannten Beispielen handelt es sich um eine Physiker und einen Mediziner bzw. um einen Ornithologen und einen Kristallographen, und in beiden Fällen kommen Fortschritte für die Genetik zustande.

Das Ende des Baconschen Zeitalters

Den Paaren der fünfziger und sechziger Jahren folgen die ständig an Umfang zunehmenden Teams der siebziger und achtziger Jahre, und am Ende des 20. Jahrhunderts macht sich der Eindruck breit, dass Wissenschaft immer weniger eine persönliche und immer mehr eine institutionelle oder gar internationale Angelegenheit wird. Der einsame und freie Forscher im Sinne Wilhelm von Humboldts existiert nur noch als skurrile Randerscheinung, der von dem das Management einer Gruppe beherrschenden Professor abgelöst worden ist. Die alte Sicht, in einem Wissenschaftler den Lehrer und Forscher zu sehen – wobei Humboldt beide Funktionen von einer Person erfüllt sehen wollte –, muss erneuert werden durch den Zusatz des Beschaffers, der Mittel und Stellen zu besorgen und seine Mitarbeiter zu versorgen hat.

Abgesehen von dieser Komponente sind zwei Tendenzen zu beobachten, die es für wahrscheinlich erscheinen lassen, dass wir uns nicht nur von Humboldts Universität, sondern auch von dem Baconsche Zeitalter verabschieden müssen, das sich nach fast 400 erfolgreichen Jahren seinen Ende zuneigt und zumindest in Einzelaspekten revidiert werden muss.

Die erste Tendenz hat damit zu tun, dass die Theorien der Wissenschaft inzwischen solche Dimensionen der Raffinesse erreicht haben, dass das eigentliche Merkmal der Wissenschaft, das Experiment, seine alte Bedeutung verliert und in vielen Fällen schon gar nicht mehr brauchbar ist. Wenn etwa Teilchenbeschleuniger gebaut werden müssen, die grösser als die Milchstraße sind, um die zur Überprüfung einer physikalischen Theorie nötigen Energien zu erzeugen, oder wenn die Komplexität zellulärer Wechselwirkungen solche Ausmaße erreicht, dass keine Computersimulation in absehbarer Zeit etwas dazu berechnen kann, dann werden wissenschaftliche Theorien und philosophische Spekulationen nicht mehr im traditionellen Sinne unterscheidbar bleiben, weil der Wissenschaft ihre eigentlichen Stärken – die empirische Nachprüfbarkeit und die experimentelle Absicherung – abhanden gekommen sind. Tatsächlich sprechen viele Forscher schon längst – so wie ihre Kollegen vor 100 Jahren – von den Grenzen des Wissens, wobei sie allerdings – heute anders als früher – keinen krönenden Abschluss mehr meinen, sondern eine unerreichbare Offenheit und unehrenhafte Unentscheidbarkeit im Sinne haben.

Die zweite – und wichtigere – Tendenz hat mit dem Verschwinden der alten Überzeugung zu tun, dass wissenschaftlicher und humaner Fortschritt zusammenfallen. Offenbar hat die Wissenschaft diese ethische Grundlage verloren, wie sich jeder leicht durch die Stichworte Umweltzerstörung oder ABC-Waffen vor

Augen führen kann. Die Öffentlichkeit bekommt nach wie vor das, was Bacon ihr versprochen hat und was Zeitgenossen Verfügungswissen oder Herrschaftswissen nennen. (Sie bekommt es vor allem durch die Industrieforschung, in deren Rahmen heute die meisten Wissenschaftler tätig sind). Ihr fehlt allerdings immer mehr, was man als Orientierungswissen bezeichnet und helfen soll, Entscheidungen zu treffen, wie mit der technisch verfügbaren Macht umgegangen werden soll. Die Frage stellt sich schon länger, wie Orientierungswissen zu beschaffen ist und wie man die Wissenschaft verändern muss, um ihr erneut eine ethische Grundlage zu liefern. Die induktive Logik und das Experiment liefern hier keine Antwort.

Wissenschaft, Kunst und Humanität

Es gibt Zeitgenossen, die der Ansicht sind, dass die Erneuerung der Wissenschaft nur gelingen kann, wenn sie sich mit der Kunst verbindet und sich an deren Umgang mit der Natur orientiert. Wissenschaft *und* Kunst zusammen ergeben erst Humanität, wie es Alexander von Humboldt, der Bruder Wilhelms, ausgedrückt hat.

Die Trennung der beiden Bereiche, die manchmal unter dem Stichwort der „Zwei Kulturen" beklagt wird, hat vermutlich begonnen, als Kopernikus die Sonne in die Mitte der Welt rückte. So sehr er damit der Wissenschaft half, so deutlich teilte seine Sicht der Welt auch die Menschen in empfindende und in rationale Wesen ein. Während der physikalisch ausgerichtete Mensch die Erddrehung erklärte, erlebte der poetisch eingestellte Mensch den Sonnenuntergang, den es – genau genommen – im heliozentrischen Weltbild nicht mehr gibt.

Keine Frage: Kopernikus hat das Universum besser erklärt als seine Vorgänger, aber er hat dabei zugleich Wissenschaft und Kunst getrennt und auf diese Weise die Voraussetzung für die zwei Kulturen geschaffen. In der einen – naturwissenschaftlich ausgerichteten – Kultur geht es um die Fragen, über die sich alle messend und informierend verständigen können. In der anderen – geisteswissenschaftlich orientierten – Kultur geht es um die Fragen, die dies nicht zulassen, weil sie dem Einzelnen zu viel bedeuten. Wahrscheinlich gehört es zu den großen Aufgabe der abendländischen Kultur, diese beiden komplementären Bereiche trotz ihrer Spannung als zusammengehörig zu verstehen und in Form einer Kulturwissenschaft zu integrieren. Ihre Aufgabe bestünde darin, den wissenschaftlichen Fortschritt so zu lenken, dass er wieder ein humaner Fortschritt werden kann. Dann können wir wieder beruhigt unserer Natur nachgehen und weiter nach dem Wissen streben, das wir für die Zukunft brauchen.

Unerwartete Elemente bei einem rationalen Abenteuer

Das Zusammenführen der beiden Kulturen kann auch gelingen, wenn man sich klarmacht oder zu akzeptieren bereit ist, dass ein Begriff der Bildenden Kunst und Literatur – nämlich Romantik – dazu taugt, das naturwissenschaftliche Vorgehen zu charakterisieren. Dies soll im Folgenden unternommen werden, und zwar mit Hilfe der besten Definition des Romantischen, die von Novalis stammt und lautet:

> Indem ich dem Gemeinen einen hohen Sinn, dem Gewöhnlichen ein geheimnisvolles Ansehen, dem Bekannten die Würde des Unbekannten, dem Endlichen einen unendlichen Schein gebe, romantisiere ich es.

Wer von diesen vier Handlungsmöglichkeiten liest und überlegt, wo man sie im eigenen Dasein einsetzen und anwenden kann – wir möchten doch alle romantisch sein oder uns wenigstens so vorkommen –, der wird zwar an viele Bereiche des Alltags denken, diesem gemeinen und gewöhnlichen Teil des Leben, aber einen Zugang zu unserer Welt höchst wahrscheinlich unbeachtet lassen – den der Naturwissenschaften. In den Kreisen von Physik, Chemie, Biologie und all der anderen Disziplinen erwarten wir systematisches Vorgehen, rationale Analyse und ähnliche Qualitäten, aber um Gottes Willen doch keine Romantik!

Nichts könnte weiter von der Wahrheit entfernt sein als dieses leichtfertige Vorurteil, wie im Folgenden gezeigt werden soll. Die Naturwissenschaften romantisieren die Welt, wenn die Worte von Novalis zutreffend beschreiben, was mit dieser Geisteshaltung und Denkweise gemeint ist, die um das Jahr 1800 herum wirksam und mit einem Ausdruck benannt wurde, der immer an einen Roman und damit an die Möglichkeit denken lässt, die Welt durch die Form zu verstehen, die man ihr gibt.

Die Würde des Unbekannten

Beginnen wir mit der Auskunft, dass romantisiert, wer „dem Bekannten die Würde des Unbekannten" geben kann. Es mag zwar überraschend klingen, aber genau darin besteht ein wesentlicher Aspekt des Unternehmens, das wir als Naturwissenschaft kennen. Warum dies der Fall ist, hat unter anderem Karl Popper beschrieben. Der Philosoph des kritischen Rationalismus hat in seinem Schriften mehrfach darauf hingewiesen, dass die Tätigkeit von Naturwissenschaftlern darin besteht, etwas, das man sieht – das Bekannte –, durch etwas zu erklären, das man nicht sieht – das Unbekannte. Betrachten wir einige Beispiele: Das (sichtbare) Fallen eines Steines etwa wird seit Isaak Newton durch die (unsichtbare) Gravitation erklärt, die von Massen ausgeht, und das (sichtbare) Ausrichten einer Kompassnadel kann auf das (unsichtbare) Magnetfeld der Erde zurückgeführt werden. Das Bekannte – das Fallen und das Drehen – bekommt sogar die Würde des Unbekannten, denn wie das Schwerefeld der Erde die Gravitationskraft zustande bringt und wie unser rotierender Planet zu seinem Magnetfeld kommt, bleibt der Forschung so verborgen wie am ersten Tag, auch wenn die fraglichen Phänomene quantitativ vollkommen beherrscht werden.

Übrigens – die Idee des Magnetfeldes geht auf das englische Multitalent Michael Faraday zurück, dessen große Zeit in das frühe 19. Jahrhundert fällt, also genau in die Zeit, die wir als Romantik bezeichnen, wenn von Musik, Malerei und ähnlichen kreativen Tätigkeiten die Rede ist. Dass es romantische Dichtung und Philosophie gibt, glauben wir sofort, auch ohne dies im Detail – etwa an der Definition des Novalis – zu prüfen. Dass auch ein Wissenschaftler romantisch vorgehen – und dabei Erfolg – haben kann, nehmen wir kaum zur Kenntnis, obwohl es sich sehr lohnt. Zum Romantischen gehört – in Einklang mit den Worten von Novalis – die Überzeugung, dass es ein Gesetz der Polarität gibt. Zu jeder Kraft und jedem Stück gibt es eine Gegenkraft bzw. ein Gegenstück, und als Beispiele werden gerne das Wachen und Schlafen und damit die Tag- und Nachtseite des Denkens angeführt. Bei Faraday kann man die romantische Lust nach Spiegelsymmetrie ganz konkret finden. Denn nachdem 1809 entdeckt worden war, dass ein elektrischer Strom ein Magnetfeld produziert, versuchte Faraday – aus romantischer Überzeugung heraus – das Gegenstück zu erreichen, das heißt mit einem Magnetfeld einen elektrischen Strom in Bewegung zu versetzen. Zwar musste er lange probieren, aber 1831 hatte er endlich Erfolg, und seitdem wissen wir, wie man Strom generiert, nämlich durch elektromagnetische Induktion, und wir tun dies bis in unsere Tage. Wer heute ein Licht oder einen Computer einschaltet, nutzt eine romantische Entdeckung, und es wäre schön, wenn man wenigstens beim Ausschalten sich für diesen Gedanken erwärmt.

Ein geheimnisvolles Ansehen

Kommen wir zu einer weiteren Forderung von Novalis, die wir ebenso leicht mit naturwissenschaftlichen Erfahrungen erfüllen können. Erinnern wir uns an das Wunderjahr 1905 von Albert Einstein, dessen hundertste Wiederkehr vor kurzem groß begangen wurde. Die erste – und wirklich revolutionäre – Arbeit, die Einstein 1905 vorlegte, machte deutlich, dass Licht sowohl als Welle als auch als Teilchen in Erscheinung treten kann. Wir nehmen diese Einsicht heute ohne Aufregung zur Kenntnis und zähmen sie mit dem Wort von der Dualität des Lichtes. Für Einstein brach damals aber das ganze Gebäude der Physik zusammen, schließlich hatte er nicht das Licht erklärt, sondern erklärt, dass sich Licht nicht erklären lässt. Denn wenn etwas Welle und Teilchen zugleich sein kann, dann kann man zwar alles Mögliche darüber herausfinden – beim Licht die Wellenlänge, die Geschwindigkeit, die Polarisation und vieles mehr –, man kann nur nicht mehr sagen, was es eigentlich ist.

Mit anderen Worten, Einstein hat „dem Gewöhnlichen" – dem Licht des Tages – „ein geheimnisvolles Ansehen" gegeben. Er hat gezeigt, dass Licht bei aller wissenschaftlichen Durchleuchtung ein Geheimnis bleibt. Und wenn ihn das zunächst auch verwirrt und geärgert hat, so hat er zuletzt doch mit dieser Romantisierung seinen Frieden gemacht, indem er sagte: „Das Schönste, was wir erleben können, ist das Geheimnisvolle. Es ist das Grundgefühl, das an der Wiege von wahrer Wissenschaft und Kunst steht."

Dem Endlichen einen unendlichen Schein geben

Wenden wir uns nun der Forderung des Novalis zu, „dem Endlichen einen unendlichen Schein" zu geben, und fragen, ob die Naturwissenschaften auch dazu in der Lage sind. Es wird an dieser Stelle niemanden überraschen, wenn er erfährt, dass die Antwort „Ja" heißt, und die konkrete Lösung steckt erneut im Licht, wobei es diesmal nicht um seine Natur, sondern um seine Bewegung geht. Wir wissen alle, dass Sonnenstrahlen von einem Spiegel reflektiert werden und dass dabei physikalische Gesetze gelten. Der Ausfallswinkel muss zum Beispiel gleich dem Einfallswinkel sein. Doch so öde und banal das klingt und so ewig lang das schon bekannt ist: Zu verstehen, warum das Licht sich so verhält, wenn es auf einen Spiegel oder eine andere Oberfläche trifft, hat den Physikern viel Zeit und noch mehr Mühe bereitet. Wirklich gelungen ist ihnen das erst in den Jahren nach dem Zweiten Weltkrieg im Rahmen einer Theorie, die im Jargon den langen Namen Quantenelektrodynamik trägt, was aber nett mit QED abgekürzt werden kann und wird. Mit dem dazugehörenden theoretischen Handwerkszeug kann ein Physiker genau zeigen, was passiert, wenn das Licht – mit seiner Doppelnatur, siehe oben – auf eine feste Oberfläche trifft, die zwar glatt aussieht, vom Standpunkt ihres atomaren Aufbaus aber keineswegs so ist. Wenn die Lichtteilchen auf die keinesfalls glatten Atome und Elektronen des Materials treffen, aus dem ein Spiegel besteht, dann ist das etwa so, als ob ein Tennisball auf ein Kopfsteinpflaster auftrifft, und das heißt, dass überhaupt nicht klar ist, in welche Richtung er springt.

Beim Licht ist es aber oberflächlich klar. Es agiert nach dem erwähnten Reflexionsgesetz, was die tiefer gehende Frage aufwirft, wie dies vom atomaren Standpunkt aus gelingen bzw. zustande kommen kann. Die Antwort liefert die besagte

Theorie QED, und sie tut dies auf eine romantische Art und Weise. Sie erlaubt den Lichtteilchen nämlich, alle möglichen – also unendlich viele – Wege zu gehen, und zeigt, dass die äußeren Bedingungen dafür sorgen, dass die innere Unendlichkeit nur Schein bleibt und sich ihre Anteile gegenseitig aufheben. Zu jedem Weg findet sich ein Gegenweg – mit einer Ausnahme, und das ist der Pfad, der übrig bleibt und gesehen wird.

Übrigens gibt die Physik der Atome „dem Endlichen einen unendlichen Schein" ganz allgemein. Denn in der als Quantenmechanik bezeichneten Theorie der Mikrowelt geht es weniger um vorgefundene Wirklichkeiten und mehr um ihr Gegenstück, nämlich die auszulösenden Möglichkeiten, und von denen gibt es beliebig viele, wodurch uns die ganze Unendlichkeit des Werdens zur Verfügung steht, die unsere Zukunft so offen macht, wie die Fenster, an denen die Menschen auf romantischen Bildern so gerne stehen, um in die Richtung ihrer Sehnsucht zu schauen. Die Physiker wissen allerdings, dass sie an dem dazugehörigen Ziel nur ankommen, wenn sie es rational planen und systematisch vorgehen. Ohne ihr technisches Gegenstück nützt alle Romantik bei allem Schwärmen nichts, wie wenigstens einmal angemerkt werden sollte.

Dem Gemeinen einen hohen Sinn geben

Wir haben uns die erste Forderung des Novalis bis zuletzt aufgehoben, und ein Grund dafür steckt in dem schwierigen Begriff des Sinns, den die Naturforschung gerne meidet. Sie bemüht sich um kausale und objektive Erklärungen der Dinge und versucht, das Subjekt und seine Bewertungen von ihren Theorien fernzuhalten. Ein Biologe etwa fragt höchstens nach der (evolutionären) Herkunft eines genetischen Moleküls – einer DNA Sequenz – und nicht nach ihrem Sinn. Er versucht natürlich, die Aufgabe oder Funktion der von ihm analysierten Struktur zu erfassen, aber von Sinn spricht man in seinen Kreisen eher weniger, und zwar aus gutem Grund. Für einen Naturforscher macht es erst dann Sinn, über den Sinn zu sprechen, wenn das Ganze bekannt und verstanden ist, dem man seine Aufmerksamkeit widmet. Wer von Sinn spricht, stellt eine Verbindung her zwischen der Sache, um deren Sinn es geht, und der Absicht, sie herzustellen. Das klingt zwar leicht, macht einem Naturwissenschaftler aber Sorgen, weil er nicht sicher ist, die Sache so ganz und gut zu kennen, wie es sein sollte.

Man kann aber immer einmal annehmen, dass dies gelungen ist, zum Beispiel, wenn man als Historiker die Wissenschaft selbst betrachtet und dabei nicht nur ihre Leistungsfähigkeit, sondern auch ihren Sinn erkennt. Die Naturwissenschaften sind in ihrer modernen Form im 17. Jahrhundert aufgekommen, und die

Absicht ihrer Vertreter bestand darin, die Lebensbedingungen der menschlichen Existenz zu erleichtern. So lässt Brecht es seinen Helden im *Leben des Galilei* sagen, und so dachten viele der damaligen Wegbereiter der Wissenschaft von Francis Bacon über Johannes Kepler bis zu René Descartes. Konkret beschäftigt waren die Herren mit gemeinen Dingen – Glas schleifen, Erbsen zählen, Berechnungen anstellen, Volumen messen, Entfernungen bestimmen –, tatsächlich geschaffen haben sie etwas Sinnvolles, nämlich die westliche Wissenschaft, die Europa auf seinen Sonderweg zum Wohlstand gebracht hat, den wir gerne genießen, ohne an den Mohren zu denken, dem wir ihn verdanken.

Wir können übrigens weite Teile der Geschichte der Naturwissenschaft insgesamt als ein Vorgehen deuten, bei dem es gelingt, „dem Gemeinen einen hohen Sinn" zu geben, indem wir anmerken, dass Forschen zu einem großen Teil darin besteht, Daten zu sammeln und Messungen vorzunehmen, die anschließend in einem theoretischen Rahmen ihre Bedeutung bekommen und ein als sinnvoll erlebtes Weltbild liefern. Das Beobachten von Tieren und Pflanzen und die Auflistung ihrer geographischen Verteilung haben zum Gedanken der Evolution geführt, ohne den die Wissenschaft vom Leben keinen Sinn macht. Und die Analyse des Lichtes, das Elemente (Gegenstände) aussenden, hat zu einem Verständnis von Atomen geführt, das dem ganzen Tun der Physiker eine neue Richtung – einen neuen Sinn – gab. Das Sammeln der Daten führt offenbar in der Wissenschaft immer wieder zu einem hohen Sinn.

Romantische Atomphysik

Wie sich nämlich im Anschluss an Einstein herausstellte, gibt es die Bahn eines Elektrons in einem Atom in der physikalischen Wirklichkeit („da draußen") überhaupt nicht. Vielmehr existierte sie nur im Kopf der Physiker („da drinnen"). Die Bahn eines Elektrons entsteht erst dadurch, dass sie jemand sie beschreibt, wie zuerst Werner Heisenberg zu schreiben riskiert hat, und zwar 1925. Seitdem bekommen die Gegebenheiten auf der atomaren Bühne – man darf nicht mehr von „Gegenständen" sprechen, und man scheut sich, „Mitspieler" zu sagen – ihre Qualitäten erst durch einen Beobachter bzw. durch den Vorgang der Beobachtung. Das agierende Subjekt findet vor allem, wonach es gefragt hat, und so steckt in der Physik der Atome genau das, was bereits in dem Distichon vom Mai 1798 zu lesen ist, das Novalis im Rahmen der Vorarbeiten zu den *Lehrlingen zu Sais* geschrieben hat und in dem er die bekannte Hebung des Schleiers nicht im Tod enden lässt:

Einem gelang es – er hob den Schleyer der Göttin zu Sais –
Aber was sah er? er sah – Wunder des Wunders – Sich selbst.

Es muss für Physiker, die am Anfang des 20. Jahrhunderts die Quantentheorie entworfen haben, ein wundersames Erlebnis gewesen sein, als sie merkten, dass sie zwar immer tiefer in die Atome – und damit in das Innere der Welt – eindringen konnten, dass sie bei dieser Reise Welt aber nicht mehr auf objektive Gegebenheiten oder mathematische Strukturen trafen, sondern auf sich selbst, auf ihre eigene Geschichte. Sie machten die Erfahrung, die Novalis in der Antwort auf die Frage, „Wo gehen wir denn hin?" gegeben hat: „Immer nach Hause."

Mit diesen Erfahrungen fällt es schwer, nicht an Novalis Roman *Heinrich von Ofterdingen* zu denken, und zwar an die Stelle, an der sich Heinrich einem Bergmann anvertraut und ihm in eine Höhle folgt. Im Inneren dieser konkreten Welt treffen die Suchenden und Erkundenden – wie die Quantenmechaniker – auf keine abstrakte Leere, sondern auf eine persönliche Fülle.
Konkret treffen sie einen Einsiedler, der ein Buch bei sich hat, „das in einer fremden Sprache geschrieben war". Als Heinrich sich das Buch und seine Bilder näher anschaut, „entdeckte er seine eigene Gestalt ziemlich kenntlich unter den Figuren. Er erschrack und glaubte zu träumen, aber beym wiederhohlten Ansehn konnte er nicht mehr an der vollkommenen Ähnlichkeit zweifeln."

Es scheint, dass an dieser Stelle die Quantenmechanik ihre poetische Form gefunden – mehr als zweihundert Jahre, bevor sie eine mathematische Fassung erhielt, von der im Übrigen anzumerken ist, dass sie ohne imaginäre Dimensionen (im mathematischen Sinne) nicht auskommt. Die Realität lässt sich nur unter einem imaginären Blickwinkel erfassen – eine Einsicht, die außerhalb der Physik nur wenig bedacht und genutzt wird.

Die Revolution der Romantik und der Wissenschaft

Wer allgemeiner verstehen will, wie Romantik und Wissenschaft zusammenhängen, ist gut beraten, auf die Darstellung zurückzugreifen, die Isaiah Berlin dieser Epoche unserer Kultur gegeben hat, und zwar in einem Buch mit dem Titel *Die Wurzeln der Romantik*. Berlin geht es in seinen Schriften weniger um naturwissenschaftliche, und mehr um ethische Fragen. Entscheidend ist für ihn, dass zu Beginn des 19. Jahrhunderts die traditionelle Überzeugung aufgegeben wurde, der zufolge man – etwa mit den Mitteln der Ethik – herausfinden kann, was die menschliche Natur ist, um ihr anschließend – mit den Mitteln der Politik – Rechnung zu tragen. Es war genau die Zeit der Romantik, in der einige Intellektuelle die entscheidende Umkehrung im Denken vollzogen, die zu der korrekten Ausgangsposition führt, dass Fragen nach dem rechten Handeln ohne eindeutige Antwort bleiben können und es weder objektive noch subjektive Gründe für entsprechende Entscheidungen gibt. Die Romantiker erkannten, dass sich sittliche Werte widersprechen können, ohne dass dabei Alternativen zu erkennen wären, und genau diesen Schritt haben die Physiker zweihundert Jahre später in der Sphäre ihrer Zuständigkeit vollzogen, als sie zum Beispiel erkannten, dass Fragen nach der Natur des Lichts ohne eindeutige Antwort bleiben können. Zu den Geburtshelfern der von Berlin skizzierten romantischen Wende gehört Immanuel Kant, der in seinen Schriften fragte, was der Mensch tun soll und ihm die Freiheit der Wahl gibt. Kant machte den Menschen auf diese Weise zum Urheber seiner Wertvorstellungen. Bei ihm ist ein Wert etwas, das sich ein Mensch gezielt vorgibt, und nicht etwas, über das er zufällig stolpert. Wertvorstellungen sind keine Naturprodukte, die eine Wissenschaft – etwa die Ethik oder die Soziologie – studieren könnte, sondern Ausdruck freien Handelns und damit des menschlichen Schöpfertums.

Diesen letzten Schluss hat aber nicht Kant gezogen, sondern erst die Denker der Romantik. Ihre philosophischen Vertreter erhoben die Sittlichkeit zum schöpferischen Vorgang, und sie orientierten sich bei diesen Vorgehen am Modell der Kunst. Kreatives Tun – Schöpfung – ist in den Augen der Romantik die durchgängig selbstbestimmte Aktivität des Menschen. Hierbei gelingt ihm die Selbstbefreiung von den kausalen Gesetzen der Physik und den Mechanismen der äußeren Welt. Indem die Romantiker den Blick auf die Kunst richteten und das Wesen des Menschen in seiner selbstbestimmten Tätigkeit sahen, zerstörten sie die alten Werte der europäischen Sittlichkeit. Wir sind nicht dadurch wir selber, dass wir logisch agieren oder uns der Natur fügen. Wir sind erst dann wir selber, wenn wir etwas kreieren. Die Natur ist – in diesem Modell – nicht mehr Mutter oder Gebieterin, sondern das Gegenstück zum menschlichen Tun und Denken. Natur ist das, dem wir unseren Willen aufzwingen können. Sie ist der Gegenstand, den wir formen, dem wir eine Form verleihen können.

Genau diesen Schritt konnten zu Beginn des 20. Jahrhunderts die Quantenphysiker tun, wie oben erwähnt worden ist. Die Beobachter geben einem Elektron die Bahn, auf der es sich bewegen kann. Sie berechnen (formen) seinen Weg und entwerfen auf diese Weise die Gestalt eines Atoms und dann die aller Elemente, die das Periodische System ausmachen. Die Wissenschaftler bestimmen sogar deren Bindung und damit den Zusammenhang der Welt. Sie entwerfen die Natur, die sie selbst sind. Wir sind *natura naturata* (geschaffene Natur) und *natura naturas* (schaffende Natur) in einem, ganz so, wie es den Denkern der Romantik vertraut war. Wer romantisch denken möchte, kann es in der modernen Wissenschaft lernen. Wir sollten uns ihr allein deswegen öffnen. Dann kommen wir zu uns selbst.

Literaturangaben

Berlin, Isaiah. *Wirklichkeitssinn*. Berlin: Berlin Verlag 1996.

—. *Die Wurzeln der Romantik*. Berlin: Berlin Verlag 2004.

Böhme, Gernot. *Am Ende des Baconschen Zeitalters*. Frankfurt am Main: Suhrkamp 1995.

Rossi, Paolo. *Die Geburt der modernen Wissenschaft in Europa*. München: C.H. Beck 1997.

Jonas Flöter

Wilhelm von Humboldt und das Ideal der Allgemeinen Menschenbildung.

Zur Konstruktion der preußisch-norddeutschen Bildungsidee Anfang des 19. Jahrhunderts

Das Humboldt'sche Bildungsideal ist heute in aller Munde. Fast täglich können wir im Zusammenhang mit den Bologna-Reformen an den deutschen Hochschulen davon hören. Humboldts Bildungsreform, insbesondere die sogenannte Humboldt'sche Universität, wird dabei nicht nur als Gegenbild zur gegenwärtigen Hochschulreform gebraucht. Humboldt gilt geradezu als „Hemmschuh". Diese Debatte führt zwangsläufig zu der Frage nach den konkreten Inhalten und Zielen der Humboldt'schen Bildungskonzeption.

Zur Annäherung soll im Folgenden auf drei Fragenkomplexe näher eingegangen werden: Erstens sollen die politischen, gesellschaftlichen und geistesgeschichtlichen Rahmenbedingungen herausgearbeitet werden, vor deren Hintergrund sich Humboldts Bildungsideal entwickelte. Im zweiten Teil werden die Spezifika der Humboldt'schen Bildungsidee in den Blick genommen. In der abschließenden Zusammenfassung wird kurz auf die Gegensätze von „Humboldt" und „Bologna" eingegangen.

1. Politische, gesellschaftliche und geistesgeschichtliche Rahmenbedingungen um 1800

„Am Anfang war Napoleon." Mit diesen prägnanten Worten leitete vor über zwanzig Jahren Thomas Nipperdey seine Übersichtsdarstellung zur Deutschen Geschichte von 1800 bis 1918 ein. Warum tat er das? Nipperdey wollte damit der Tatsache Ausdruck verleihen, dass in den ersten eineinhalb Jahrzehnten des 19. Jahrhunderts das Leben der deutschen Bevölkerung dem überwältigenden Einfluss Napoleons unterlag. Selten in der Geschichte standen alle Bereiche des Lebens so sehr im Zeichen von Machtpolitik und äußerem Druck wie an der Wende vom 18. zum 19. Jahrhundert. Davon waren auch die großen Reformen Anfang des 19. Jahrhunderts geprägt, mit denen die Gesellschaften in den einzelnen deutschen Staaten umgebildet wurden. Natürlich soll hierbei nicht außer Acht gelassen werden, dass die Grundprinzipien der modernen Welt nicht mit Napoleon, sondern mit der Französischen Revolution von 1789 ins Leben traten. Für die deutsche Bevölkerung war der Umsturz der alten Ordnung aber in erster Linie mit den napoleonischen Kriegen und dem Militär-Imperium Napoleons verbunden. Insofern war das Schicksal der deutschen Bevölkerung von der großen Politik bestimmt. Große Politik war in diesen Jahren Krieg und Eroberung, Ausbeutung und Unterdrückung, Imperialismus und Neuordnung Mitteleuropas.

Doch entschieden die napoleonischen Kriege nicht nur über Wohl und Wehe von Menschen, Völkern und Staaten, sondern auch über Meinungen, Vorstellungen und Ideen. Und hier war es zu Beginn des 19. Jahrhunderts zu einem gravierenden Umschwung gekommen. Die Begeisterung der Intellektuellen in den deutschen Staaten für die Französische Revolution war geschwunden. Die Ideen der Revolution von Liberté, Égalité und Fraternité mobilisierten zwar noch immer. Die realen Ausprägungen der Revolution mit politischem Mord, Terror und europäischem Krieg schreckten aber ab. Und damit sank der Glaube an eine humanistische Zielperspektive der Französischen Revolution.

Nun wurden auf bildungspolitischer Ebene die Auswüchse der Revolution und die Aufklärung miteinander in Verbindung gebracht, zwei Phänomene, die eigentlich direkt nichts miteinander zu tun hatten. Die Aufklärung, und vor allem die Aufklärungspädagogik, schienen den Nährboden für den revolutionären Terror und den napoleonischen Imperialismus darzustellen. Dabei hatte die Aufklärung die Vernunft und die Ratio ins Zentrum von Bildung und Erziehung gestellt. Dieser Rationalismus erschien nun die Quelle der kalten und unmenschlichen Entwicklung in Frankreich zu sein. Eine Antwort auf diese Entwicklung gab Friedrich Schiller in seinen „Briefen über die ästhetische Erziehung des Menschen". In seiner berühmt gewordenen Epochendiagnose stellte Schiller vor allem den Konflikt zwischen Natur und Sittlichkeit heraus. Dieser habe sich insbesondere in den gesellschaftlichen Klassen manifestiert. Aus den niederen Klassen brächen die rohen und gesetzlosen Triebe in dem Moment heraus, wo sich das Band der bürgerlichen Ordnung lockere. Die zivilisierten oberen Klassen seien in Schlaffheit und in eine „Depravation des Charakters" verfallen: „Die Aufklärung des Verstandes, deren sich die verfeinerten Stände nicht ganz mit Unrecht rühmen, zeigt im ganzen so wenig einen veredelnden Einfluß auf die Gesinnungen, daß sie vielmehr die Verderbnis durch Maximen befestigt." (Schiller 320). Ein Grundübel seiner Zeit erkannte Schiller aber auch in der Orientierung des Menschen am Beruf. Und diese Orientierung hatte die Aufklärung gerade für wünschenswert gehalten.

Nun erscheint diese Klage über den Sittenverfall nicht neu. Rousseau hat sie erhoben und in anderer Form ist sie bis heute zu vernehmen. Neu war allerdings die Antwort, die Schiller auf seine Diagnose gab. Denn er zeigte eine Alternative auf: Diese bestehe, so Schiller, im Modell des griechischen Menschen. Die Lebensweise der Griechen in ihrer klassischen Zeit war für ihn das ideale Muster. Seiner Meinung nach hätten die Griechen in der Einheit mit sich selbst gelebt. In seinem Sechsten Brief schreibt er dazu: „Zugleich voll Form und voll Fülle, zugleich philosophierend und bildend, zugleich zart und energisch sehen wir sie die Jugend der Phantasie mit der Männlichkeit der Vernunft in einer herrlichen Menschheit vereinigen." (Schiller 321). Diese für ihn ideale Welt der griechischen Staaten konfrontierte er nun mit der Welt seiner Zeit. Schiller ist zu dieser Zeit nicht der Einzige, der von der Griechenbegeisterung erfasst ist. Auch Johann Joachim Winckelmann und Goethe trugen nicht weniger dazu bei. Was Schiller aber besonders herausstellte, ist seine enge Verbindung zu Wilhelm von Humboldt. Diese wird an den Lebensstationen Humboldts besonders deutlich: Wilhelm von Humboldt, der am 22. Juni 1767 in Potsdam geboren wurde, entstammte einer gelehrten adeligen Familie. Nach dem Willen seiner Mutter erhielt er eine Ausbildung im Sinne der Aufklärung. Zu Humboldts Privatlehrern gehörten die Aufklärungspädagogen Johann Jakob Engel und Johann Heinrich Campe. Gemeinsam mit Campe reiste Humboldt 1789 nach Paris, um die Revolutionsereignisse zu erleben. Doch die Reaktionen und die Verarbeitung dieses Ereignisses waren sehr verschieden. Campe schrieb begeisterte Briefe aus Paris und präsentierte diese kurze Zeit später der deutschen Öffentlichkeit. Humboldts Tagebucheintragungen sind dagegen distanziert und kühl. Seine Begeisterung für die Revolution blieb auf die Ideen der Individualrechte begrenzt. Den bürgerkriegsartigen Zuständen und der Vernichtung von Kulturgütern konnte er nichts abgewinnen.

Nach seiner Rückkehr verlobte er sich im Dezember 1789 mit Caroline von Dacheröder, der Tochter eines preußischen Kammergerichtsrats. Die Jugendfreundin Charlotte Schillers führte ihren Verlobten in Jena und Weimar ein und so lernte er Schiller, Goethe und Herder kennen. Für eineinhalb Jahre wirkte Humboldt dann im preußischen Staatsdienst, zog sich aber schnell daraus zurück, um sich wieder seinen politischen und philologischen Forschungen widmen zu können. In dieser Zeit trat er in engen Kontakt mit Friedrich Gentz, der als Mitarbeiter des österreichischen Staatskanzlers Fürst Metternich tätig war. Diesem Austausch entsprangen seine ersten politischen Schriften: „Idee über Staatsverfassung" und „Idee zu einem Versuch, die Grenzen der Wirksamkeit des Staates zu bestimmen". Auszüge aus diesen Werken veröffentlichte Schiller in seinen Zeitschriften. Gleichzeitig nahm Humboldt Kontakt mit dem Hallenser Professor und Homer-Forscher Friedrich August Wolf auf. Die gemeinsame Arbeit an griechischen Texten ließ zwischen beiden eine intensive Freundschaft wachsen. Auf Wunsch Schillers entschlossen sich Humboldt und seine Frau Caroline 1794, nach Jena zu ziehen. Dort arbeiteten Humboldt und Schiller fast täglich zusammen. Doch es war nicht nur Schiller, der das junge Ehepaar nach Jena zog. Johann Gottlieb Fichte, Christoph Wilhelm Hufeland und die Brüder Schlegel wirkten in Jena und auch Goethe und Humboldts Bruder Alexander weilten häufig in der Universitätsstadt, so dass die Stadt zu dieser Zeit den Schmelztiegel des deutschen Geisteslebens darstellte. Die Zusammenarbeit mit Schiller führte zu einer intensiven Beschäftigung mit der Antike. Dieses Studium diente ihm zu dem Zweck „der philosophischen Kenntnis des Menschen überhaupt". Den griechischen Geist begriff Humboldt als ein Ideal, „was wir selbst seyn und hervorbringen möchten." (Humboldt *Werke*, Bd. 2, 92). 1793 entstand die Schrift „Über das Studium des Altertums und des Griechischen insbesondere", in der er dem Studium der griechischen Kultur eine herausragende Stellung zuerkannte. Allerdings blieb diese dezidierte Forderung nicht unwidersprochen. Schiller selbst erhob Vorbehalte gegen einen solchen Alleingültigkeitsanspruch.

Napoleons Italienfeldzug und der Erste Koalitionskrieg verhinderten eine geplante Bildungsreise nach Italien, die die Humboldts für unerlässlich hielten. Sie zogen daher nach Paris, um zum einen die Entwicklung der französischen Gesellschaft zu erleben. Zum anderen unternahmen die Humboldts von Paris aus Reisen nach Spanien, um dort die Sprache und die archaische Kultur studieren zu können. 1801 bewarb sich Humboldt um die Stelle des preußischen Residenten beim Vatikan. Die politische Bedeutung dieses Amtes war gering. Napoleon beherrschte zu dieser Zeit auch den Kirchenstaat und den Papst. Umso intensiver konnten sich die Humboldts dem Studium der Antike widmen. Wilhelm von Humboldt bezeichnete später die Jahre zwischen 1802 und 1808 als die zentralen Jahre seiner Bildung. Seine Frau Caroline blieb sogar noch vier weitere Jahre in Rom. Nach dem Zusammenbruch des preußischen Staates im Anschluss an die Niederlage von Jena und Auerstedt 1806 wurde Humboldt vom Freiherrn vom Stein ins neue preußische Reformkabinett gerufen. Daraufhin war Humboldt für sechzehn Monate von Februar 1809 bis Juni 1810 als Leiter der Sektion für Kultus und Unterricht im preußischen Innenministerium tätig. Von hier aus leitete er die neuhumanistische Reform des Höheren Schulwesens Preußens und der preußischen Universitäten ein.

Bevor diese Frage weiter vertieft wird, soll der Vollständigkeit halber der kurze biographische Abriss über Humboldt abgeschlossen werden. Wegen Kompetenzstreitigkeiten nahm Humboldt im Juni 1810 seinen Abschied als Sektionschef und ging in den diplomatischen Dienst zurück. In dieser Funktion war er neben Staatsminister Hardenberg entscheidend an den Friedensverhandlungen und den Verträgen von Frankfurt, Châtillon und Wien beteiligt. Nach dem Wiener Kongress setzte sich in Preußen zunehmend eine konservative Politik durch, die zu Auseinandersetzungen zwischen Hardenberg und Humboldt führten. Humboldt verließ daher 1819 endgültig den Staatsdienst und widmete sich vor allem seinen Sprachstudien. Er starb am 8. April 1835 auf dem Familiengut in Tegel, das auch heute noch zu besichtigen ist.

2. Das Spezifische der Humboldt'schen Bildungsidee?

Humboldt entwickelte – wie bereits angedeutet – sein bildungspolitisches Programm im Diskurs mit Schillers Zeitanalyse. Daher stellte auch Humboldt in seiner Arbeit „Theorie der Bildung des Menschen" von 1793 eine kritische Zeitdiagnose. Er beklagt vor allem die Entfremdung des Menschen von sich selbst. Sein Vorschlag, diesen Zustand zu überwinden, ist bis heute Gegenstand bildungsphilosophischer Reflexionen. Höchste Aufgabe unseres Daseins sei es,

> dem Begriff der Menschheit in unsrer Person, sowohl während der Zeit unsres Lebens, als auch noch über dasselbe hinaus, durch die Spuren des lebendigen Wirkens, die wir zurücklassen, einen so grossen Inhalt, als möglich, zu verschaffen, diese Aufgabe löst sich allein durch die Verknüpfung unsres Ichs mit der Welt zu der allgemeinsten, regesten und freiesten Wechselwirkung. Diess allein ist nun auch der eigentliche Massstab zur Beurtheilung der Bearbeitung jedes Zweiges menschlicher Erkenntniss. (Humboldt *Schriften*, 283).

Humboldt sieht somit den Ort der Bildung des Menschen in der geschichtlich-gesellschaftlichen Praxis. Auch das Modell für diese Praxis erblickte Humboldt in den antiken Griechen. Und das in doppelter Hinsicht. Zum einen anthropologisch und damit in den Möglichkeiten, die die Menschen aus sich heraus besitzen. Zum anderen politisch: Die soziale Ordnung der Griechen sei seiner Meinung nach die Voraussetzung für die Entfaltung des Menschen gewesen. Dabei ging es ihm natürlich nicht darum, die Welt des klassischen Altertums wiederherzustellen oder gar die Sklaverei wieder einzuführen. Humboldt war ein entschieden liberaler Theoretiker. Er wollte die Wirksamkeit des Staates möglichst begrenzen. In der Polis – also in den antiken Stadtstaaten wie Athen – erkannte er das politische Vorbild. Dieses schloss auch das altgriechische Bildungsideal ein, das die philosophische, musische und gymnastische Bildung umfasste und mit dem Begriff *paideia* umschrieben wird. Humboldt entwickelte daraus seine Vorstellung und seinen Begriff einer „Allgemeinen Menschenbildung". Was meinte er damit? Eine Bildung für alle Angehörigen des Staates, ungeachtet ihres gesellschaftlichen Standes und ungeachtet des zukünftig auszuübenden Berufes. Insofern meinte Allgemeine Menschenbildung eben nicht die Vermittlung nützlicher Kenntnisse, sondern die Entwicklung der individuellen Kräfte zu einem harmonischen Ganzen. Damit war selbstredend eine deutliche Abkehr vom pädagogischen Konzept der Aufklärung verbunden. Die Aufklärung hatte das Bildungsziel stets darin gesehen, spezifische Kenntnisse zur Lösung praktischer Aufgaben zu vermitteln. Dagegen postulierte Humboldt nun das Prinzip der Zweckfreiheit. Dies war natürlich mit unmittelbaren Konsequenzen für das Bildungsinteresse verbunden. Während das Hauptaugenmerk der Aufklärer auf Natur, Staat, Wirtschaft und Technik gerichtet war, wandten sich Humboldt und die Neuhumanisten dem eigentlichen Humanen zu. Dem, was ihrer Meinung nach dem Menschen am nächsten lag – Sprache und Kultur. Dies waren die Grundsätze, von denen Humboldt und seine späteren Mitstreiter in der Sektion des Kultus und Unterrichts und in der Wissenschaftlichen Deputation des preußischen Ministeriums ausgingen. Seine Vorschläge zur Gestaltung des preußischen Bildungswesens legte Humboldt in zwei zentralen Dokumenten nieder. Zum einen in seinem Plan zur Einrichtung des Königsberger Schulwesens und dem sogenannten „Litauischen Schulplan" vom Oktober 1809. Zum anderen in seiner Denkschrift „Über die innere und äußere Organisation der höheren wissenschaftlichen Anstalten in Berlin", die er im April/Mai 1810 verfasste. Dabei ist es von entscheidender Bedeutung, Humboldts Gesamtplan für die Entwicklung des Bildungswesens im Auge zu behalten. Angesichts der dichten wissenschaftlichen Fachgrenzen ist dies besonders zu betonen. Dabei ist allgemein festzustellen, dass sich die erziehungswissenschaftlich orientierte Historische Bildungsforschung auf Humboldts schulpolitisches Programm konzentriert, während die von Allgemeinhistorikern beherrschte Universitäts- und Wissenschaftsgeschichtsschreibung auf das Humboldt'sche Universitätsmodell fixiert ist. Diese Scheidung schlägt sich auch in der gegenwärtigen öffentlichen Diskussion nieder – doch dazu später mehr.

Seine Grundsätze zur Entwicklung des Schulwesens stellte Humboldt im bereits erwähnten Königsberger und im Litauischen Schulplan vor. Darin heißt es:

> Alle Schulen aber, deren sich nicht ein einzelner Stand, sondern die ganze Nation, oder der Staat für diese annimmt, müssen nur allgemeine Menschenbildung bezwecken. – Was das Bedürfniss des Lebens oder eines einzelnen seiner Gewerbe erheischt, muss abgesondert, und nach vollendetem allgemeinen Unterricht erworben werden. Wird beides vermischt, so wird die Bildung unrein, und man erhält weder vollständige Menschen, noch vollständige Bürger einzelner Klassen. Denn beide Bildungen – die allgemeine und die specielle – werden durch verschiedene Grundsätze geleitet. Durch die allgemeine sollen die Kräfte, d. h. der Mensch selbst gestärkt, geläutert und geregelt werden; durch die specielle soll er nur Fertigkeiten zur Anwendung erhalten. Für jene ist also jede Kenntniss, jede Fertigkeit, die nicht durch vollständige Einsicht der streng aufgezählten Gründe, oder durch Erhebung zu einer allgemeingültigen Anschauung (wie die mathematische und ästhetische) die Denk- und Einbildungskraft, und durch beide das Gemüth erhöht, todt und unfruchtbar. Für diese muss man sich sehr oft auf in ihren Gründen unverstandene Resultate beschränken, weil die Fertigkeit da seyn muss, und

> Zeit oder Talent zur Einsicht fehlt. [...] Die Organisation der Schulen bekümmert sich daher um keine Kaste, kein einzelnes Gewerbe, allein auch nicht um die gelehrte (Humboldt *Werke* Bd. 4, 188).

Dementsprechend sollten also nicht verschiedene neben einander stehende Schulen existieren, die auf unterschiedliche soziale Gruppen, wie Bauern, Handwerker, Kaufleute, Gelehrte oder den Adel orientiert waren. Es sollte nur ein einziges Bildungssystem geben und dieses hatte horizontal gegliedert zu sein. Vorgesehen war ein dreistufiges System der Elementarschulen (Volksschulen), der Mittelschulen (Gymnasien) und der höheren Schulen (Universitäten). Elementarschulen, Mittelschulen und höhere Schulen werden aber nicht als grundsätzlich getrennte Bildungseinrichtungen angesehen, sondern als verschiedene Stufen eines einheitlichen Systems. Der Elementarschule kam dabei die Funktion einer Art Grundschule zu, die alle zu durchlaufen hatten. Zur Begründung führte Humboldt dazu an:

> Denn der gemeinste Tagelöhner, und der am feinsten Ausgebildete muss in seinem Gemüth ursprünglich gleich gestimmt werden, wenn jener nicht unter der Menschenwürde roh, und dieser nicht unter der Menschenkraft sentimental, chimärisch, und verschroben werden soll. (Humboldt *Werke* Bd. 4, 189).

Dabei war sich natürlich auch Humboldt darüber im Klaren, dass wegen der sozialen Gegebenheiten nicht jeder dasselbe Maß an Bildung erwerben kann. Die Unterschiede sollten aber eben nur quantitativer und nicht qualitativer Natur sein. Im Königsberger Schulplan heißt es:

> Jeder, auch der Aermste, erhielte eine vollständige Menschenbildung, jeder überhaupt eine vollständige, nur da, wo sie noch zu weiterer Entwicklung fortschreiten könnte, verschieden begränzte Bildung [...]. (Humboldt *Werke* Bd. 4, 175).

Die Grenze sah Humboldt durch äußere Bedingungen bestimmt. Dazu gehörten die individuelle Begabung und die Mittel, die die Eltern für die schulische Entwicklung ihrer Kinder aufwenden konnten. Aber gerade die Entwicklung der individuellen Kräfte sollte das gemeinsame Ziel für alle Bildungsstufen darstellen. Dabei wurden unter den intellektuellen Kräften die körperlichen, emotionalen und geistigen, die ästhetischen und sittlichen Kräfte verstanden. Den Kindern in der Elementarschule sollten nicht mehr nur wie bisher Bruchstücke der christlichen Lehre und die elementaren Kulturtechniken – wie Lesen, Schreiben und Rechnen – beigebracht werden. Auch von dem Nützlichkeitsziel der Aufklärungspädagogik wandte man sich ab. Als Bildungsziel formulierte Humboldt, dass der Schüler alle Hauptfertigkeiten seines Körpers und seiner Seele im möglichsten Gleichklang entwickeln und üben sollte, wodurch dann jene Fertigkeiten von selbst entständen. Über die Inhalte des Elementarunterrichts meinte Humboldt selbst:

> der Körper wird durch Leibesübungen gestärkt und entwickelt, Auge und Ohr durch Zeichnen und Musik zur Richtigkeit und Freiheit gewöhnt, der Kopf durch die Zahlenverhältnisse (von denen das Rechnen ein Theil ist), durch die Grössenverhältnisse (wobei die Elemente der Mathematik vorkommen), durch eine richtige Kenntniss der Muttersprache, die vorzüglich daraufhin geht, dass das Kind bei jedem Wort einen bestimmten und klaren Begriff habe, Kopf und Herz endlich durch Religionsunterricht und die Entwicklung der natürlichsten sittlichen Gefühle gebildet. (Humboldt *Werke* Bd. 4, 224).

Den größten Wert legte Humboldt aber auf die Geistesbildung, wobei sich der Schüler mit den „Sprach-, Zahl- und Mass-Verhälnissen" zu beschäftigen hatte. Daneben waren Geographie, Geschichte und Naturhistorie zu lehren, wodurch zum einen die angeregten und entwickelten Kräfte weiter trainiert werden sollten. Zum anderen sollten jene Schüler, die von der Elementarschule unmittelbar ins Leben gingen, die notwendigen Kenntnisse erhalten.

An die Elementarschule hatte sich die Mittelschule als eine gelehrte Schule anzuschließen. Erst hier begann für Humboldt der eigentliche Schulunterricht. Dessen Zweck war es, Fertigkeiten zu üben und Kenntnisse zu erwerben, ohne die – so Humboldt – „wissenschaftliche Einsicht und Kunstfertigkeit unmöglich" seien (Humboldt *Werke* Bd. 4, 169). Im Unterricht der gelehrten Schule ging es also um zweierlei: Erstens um die Aneignung konkreten Wissens – also das Lernen selbst, und zweitens um die Ausbildung der Fertigkeit, sich eigenständig Neues anzueignen – also um das Lernen zu lernen. Inhaltlich hatte der Schulunterricht die Alten Sprachen, Mathematik und die Historie zu umfassen. Allerdings waren bei der Historie nicht allein die Geschichte im engeren Sinne, sondern die empirischen Wissenschaften gemeint. Darunter verstand er auch die Geographie, Naturbeschreibung und die Physik. Der Schüler hatte sich auf allen drei Gebieten zu bewegen. Er konnte dabei aber individuellen Neigungen folgen und Schwerpunkte setzen. Humboldt betonte zwar stets, dass auf alle drei Gebiete gleichmäßiger Wert zu legen sei. Aus seinen Erläuterungen werden aber Abstufungen deutlich. Dem historischen Unterricht – also der Vermittlung von Erfahrungskenntnissen – maß er die geringste Bedeutung zu. In der Mathematik hatte seiner Meinung nach die Vernunft ihren reinsten Ausdruck gefunden. Daher sei der Mathematikunterricht für die Entwicklung der Verstandeskräfte von besonderer Bedeutung. Wirklich zu sich selbst käme der Mensch aber erst durch die Auseinandersetzung mit der Sprache. In ihr objektiviere sich der menschliche Geist in umfassendster Weise. In ihr werde der Mensch in seinen nationalen und individuellen Ausprägungen erkennbar. Die Sprache bilde den Zugang zu den Gedanken und Empfindungen der Menschen. In Form und Inhalt der Sprache spiegele sich aber auch die Art wieder, wie der Mensch mit der Welt in Beziehung trete. Die Sprache sei daher nicht nur die Schule des Verstandes, sondern auch die des Gefühls, der Phantasie und des Geschmacks und eröffne die tiefere Einsicht in die *conditio humana*. Damit der Sprachunterricht seine bildende Kraft auch entfalten könne, müsse er nach Humboldts Auffassung aber ganz anders betrieben werden, als das bisher in den alten Lateinschulen geschehen war. Denn nicht für den mündlichen und schriftlichen Gebrauch und die Nachahmung kanonisierter Vorbilder sollte die Sprache gelernt werden. Vielmehr ginge es darum, dem Lernenden die Sprachstruktur einsichtig zu machen. Dabei sollte er erkennen, wie Ideen und Empfindungen in Sprache umgesetzt und Ideen und Empfindungen sprachlich miteinander verbunden werden. Um dieses Ziel zu erreichen, erschienen den Neuhumanisten die Alten Sprachen wesentlich geeigneter als die modernen Sprachen oder die Muttersprache. Denn die Alten Sprachen besaßen ein hohes Maß an Fremdheit und keine direkte Verbindung zur gegenwärtigen Welt. Insofern wurde dem Griechischen auch der Vorzug vor dem Lateinischen gegeben.

Humboldts Überzeugung vom herausragenden Wert des Altgriechischen für die Bildung des Individuums traf mit der Überzeugung der Neuhumanisten zusammen, dass das antike Griechentum allgemein Vorbildcharakter habe. Die Griechen hätten in bislang unübertroffener Weise der Humanitätsidee Ausdruck verliehen. Dabei repräsentierten sie gewissermaßen den gesamten Spannungsbogen der menschlichen Entwicklung, der von den Ursprüngen der Kultur über die Hochkultur bis zum Niedergang reiche. Die Griechen hätten eine vollende Harmonie entwickelt, die sowohl in der Gestalt herausragender Persönlichkeiten, als auch in der gesamten Nation zum Ausdruck käme. Und diese Harmonie spiegele sich vor allem in ihrer Philosophie, Kunst, Literatur, ihren politischen Schöpfungen und natürlich in der Sprache wider. Insofern lag es für Humboldt nahe, den idealen Weg zur Humanität im Studium der Griechen zu sehen. Schon in den Gesprächen mit Schiller war deutlich geworden, dass diese Überhöhung des Griechischen unter den Neuhumanisten durchaus auf Widerspruch stieß. Zu den prominentesten Widersachern gehörte der Leipziger Professor für Beredsamkeit und Poesie, Gottfried Hermann.

Aus diesem allgemeinen Bildungskonzept entwickelte der enge Mitstreiter Humboldts im preußischen Ministerium, Johann Wilhelm Süvern, einen speziellen Lehrplan (Unterrichts-Verfassung der Gymnasien und Stadtschulen), den er 1816 vorlegte. Hauptgegenstände des Unterrichts waren Griechisch, Latein, Deutsch und Mathematik. Drei Viertel des wöchentlichen Unterrichts hatte Süvern für diese Fächer reserviert. Naturwissenschaften, Geschichte und Geographie, Religion und Zeichnen traten als Nebenfächer hinzu. Alle modernen Fremdsprachen fehlten. Gesang und Gymnastik sollten außerhalb der Schulstunden unterrichtet werden.

Den Höhepunkt einer individuellen Bildungsentwicklung erkannte Humboldt im Studium an der Universität. Humboldt wollte ursprünglich nicht auf diese traditionelle europäische Bildungsinstitution zurückgreifen und auch die Zeitgenossen erkannten in diesem Rückgriff wenig Innovatives. Diesem Bezug auf die Universität kam aber eine doppelte symbolische Bedeutung zu. Zum einen wurden die neuen französischen Spezialhochschulen – die *Grandes écoles* – als zu einseitig abgelehnt, da sie allein auf ein Fachstudium orientiert waren. Zum anderen wurde die Universität als eine deutsche mitteleuropäische Institution uminterpretiert und der Gedanke der *universitas* herausgestellt. Dabei ging es Humboldt aber um eine Neuinterpretation der alten Institution. Bereits in seinem Antrag auf Errichtung der „Universität" vom Juli 1809 sah er die neue Institution als eine Art Dach, unter dem die neuen wissenschaftlichen Einrichtungen sowie die bereits bestehende Akademie der Wissenschaften und die Sammlungen und wissenschaftlichen Institute zusammengefasst werden sollten. Entsprechend sprach er auch nicht von einer Universität, sondern von einer „allgemeinen und höheren Lehranstalt" in Berlin.

Das Modell – „Humboldt-Universität" – entwickelte er unmittelbar vor seinem Rücktritt im April/Mai 1810. Seine Denkschrift „Über die innere und äußere Organisation der höheren wissenschaftlichen Anstalten in Berlin" enthält alle Kernaussagen zum Humboldt'schen Modell:

> Da diese Anstalten ihren Zweck indess nur erreichen können, wenn jede, soviel als immer möglich, der reinen Idee der Wissenschaft gegenübersteht, so sind Einsamkeit und Freiheit die in ihrem Kreise vorwaltenden Principien. Da aber auch das geistige Wirken in der Menschheit nur als Zusammenwirken gedeiht, und zwar nicht bloss, damit Einer ersetze, was dem Anderen mangelt, sondern damit die gelingende Thätigkeit des Einen den Anderen begeistere und Allen die allgemeine, ursprüngliche, in den Einzelnen nur einzeln oder abgeleitet hervorstrahlende Kraft sichtbar werde, so muss die innere Organisation dieser Anstalten ein ununterbrochenes, sich immer selbst wieder belebendes, aber ungezwungenes und absichtsloses Zusammenwirken hervorbringen und unterhalten. (Humboldt *Werke* Bd. 4, 255f).

Darüber hinaus forderte Humboldt die Unabhängigkeit der höheren wissenschaftlichen Anstalten vom Staat, und damit die Unabhängigkeit und die Freiheit der Forschung sowie die Vollständigkeit aller Wissenschaften im Rahmen dieser Anstalten.

Eine herausragende Stellung nahm die sogenannte Einheit von Forschung und Lehre ein. Diese ist allerdings nicht als Selbstzweck zu verstehen, sondern steht in der institutionellen Beziehung zwischen höherer Schule und Universität einerseits sowie Lehrer und Schüler andererseits. Die Freiheit von Studium und Forschung ist nach Humboldts Meinung nur möglich, wenn der Zögling auf dem Gymnasium zur physischen, sittlichen und intellektuellen Freiheit und Selbstätigkeit erzogen worden sei. Der Zögling, der vom schulischen Zwang entbunden sei, dürfe eben nicht in Müßiggang verfallen oder ins praktische Leben übertreten, „sondern eine Sehnsucht in sich tragen [...], sich zur Wissenschaft zu erheben, die ihm bis dahin nur gleichsam von fern gezeigt war." (Humboldt *Werke* Bd. 4, 261). Freiheit der Forschung und Einheit von Forschung und Lehre funktioniere nach Humboldt also nur, wenn es eine produktive Willensgemeinschaft von Lehrenden und Studierenden gäbe. Dem Universitätslehrer müsse die Freiheit zum Forschen in Muße bleiben und der Student müsse bereit sein, den Gang der Wissenschaften selbsttätig in sich aufnehmen zu wollen. Gerade dieses Konzept der Lehr- und Lernfreiheit wurde im Laufe des 19. Jahrhunderts als eine spezifische deutsche historische Tradition wahrgenommen, die sich aus dem Erbe der mitteleuropäischen Universitäten und der Etablierung von Aufklärung und Rationalismus ableitete.

Resümee

Das neuhumanistische Bildungskonzept Humboldts stellt eine besondere Ausprägung der allgemeinen bürgerlichen Emanzipationsbewegung am Anfang des 19. Jahrhunderts dar. Als solches bildete es den Kern der sogenannten preußischen Reformen, die unter der Führung des Freiherrn vom Stein und des Staatskanzlers Karl August Freiherr von Hardenberg durchgeführt wurden. Die bürgerliche Emanzipationsbewegung zielte in erster Linie darauf, alle ständischen Schranken zu beseitigen. Mit Hilfe von Bildung sollte ein einheitlicher gesellschaftlicher Raum geschaffen werden. Damit knüpften Humboldt und mit ihm alle Neuhumanisten an die Vorstellung der Aufklärung an, wonach alle Menschen unabhängig ihres sozialen Standen gleichermaßen vernunftbegabt seien. Doch gerade dieser aufklärerische Gleichheitsgrundsatz wurde von den Neuhumanisten nicht nur übernommen, er wurde auch radikalisiert. Die Aufklärungspädagogik zielte auf eine praktische Bildung des Einzelnen, der seine soziale Bestimmung innerhalb der bestehenden Gesellschaft haben sollte. Und diese Gesellschaft war die ständisch gegliederte Gesellschaft. Von solchen Beschränkungen wollten die neuhumanistischen Reformer nichts mehr wissen. Nur der Mensch sollte zählen. Seine Stellung innerhalb eines Standes oder einer Berufsgruppe blieb bei der Erziehung unberücksichtigt. Vielmehr sollte das Individuum seinen Platz in der Gesellschaft auf der Grundlage seiner Fähigkeiten und Neigungen finden. Dabei zeichnete sich schon Anfang des 19. Jahrhunderts ab, dass das Individuum neues Wissen und neue Fertigkeiten in immer kürzerer Zeit erwerben muss. Mit dem Prinzip, das Lernen zu lernen, sollte der Einzelne an dieser Entwicklung teilnehmen können.

Die Individualität selbst wäre nach Humboldt am Vorbild der großen Persönlichkeiten der griechischen Antike zu entwickeln gewesen. Dabei war er der Meinung, dass die Bildung des Individuums zur Humanität die Voraussetzung für eine humane Gestaltung von Staat und Gesellschaft sei. Die neuhumanistische Bildung wäre daher eine notwendige Bedingung und Garantie dafür, dass eine Gemeinschaft von Freien und Gleichen überhaupt entstehen könne.

Es ist nahezu unmöglich, sich heute über Wilhelm von Humboldt zu äußern, ohne auf die gegenwärtige bildungspolitische Debatte um die Reform des deutschen Hochschulsystems einzugehen. Darin wird zu Recht ein Gegensatz zwischen „Bologna" und „Humboldt" gesehen. Allerdings bleiben dabei wesentliche Aspekte unberücksichtigt, die sowohl Humboldts Vorstellung über die Institution Universität als auch die Verzahnung von Gymnasium und Universität betreffen. Zum Ersten hat es die von Wilhelm von Humboldt geforderte Universität in der Praxis nie gegeben. Von Anfang an weigerte sich die preußische Krone, den Universitäten eine vom Staat unabhängige Stellung einzuräumen. Das wurde vor allem in der Finanzierung der Berliner Universität deutlich. Zum Zweiten entwickelte sich die Berliner Universität, wie von Humboldt gewünscht, zu einem nationalen Forschungszentrum. Sie blieb aber gleichzeitig im traditionellen Sinne eine Ausbildungsstätte für Theologen, Juristen, Staatsdiener und Lehrer. Drittens wird in der gegenwärtigen Diskussion der Kern der Humboldt'schen Bildungsreform nur partiell in den Blick genommen. Dieser Kern ist in dem speziellen institutionellen Verhältnis von Gymnasium und Universität und der sich daraus ergebenden Beziehung zwischen Lehrenden und Lernenden zu sehen. Humboldt forderte eine gymnasiale Bildung, durch die die Schüler die Grundlagen und den Anreiz zur wissenschaftlichen Forschung und damit im besten Sinne einen propädeutischen Unterricht erhalten sollten. Gleichzeitig lehnte er die Verschulung des Universitätsstudiums grundsätzlich ab, forderte dafür aber die absolute Hingabe von Universitätslehrern und Studenten für die Wissenschaft ein. Gerade diese Wechselwirkung bleibt in der aktuellen Debatte unberücksichtigt. Die Frage, was heutige Gymnasien leisten und auf welchen gymnasialen Bildungsgrundlagen die Universitäten und Hochschulen bei den Studentinnen und Studenten heute aufbauen können, wird gar nicht erst gestellt. Ungeachtet der berechtigten Kritik an der gegenwärtigen Hochschulreform ist es allerdings fraglich, wie ernst es die mit Humboldt argumentierenden Bologna-Gegner überhaupt mit Humboldt meinen.

Literaturangaben

Bruch, Rüdiger vom/Tenorth Heinz-Elmar (Hrsg.). *Geschichte der Universität Unter den Linden. 1810–2010. Biographie einer Institution, Praxis ihrer Disziplinen*, Bde. 4-6. Berlin: Akademie Verlag 2010.

Flöter, Jonas. „Gottfried Hermann und Wilhelm von Humboldt. Aspekte neuhumanistischer Bildung in Sachsen und Preußen", in: Kurt Sier/Eva Wöckener-Gade (Hrsg.). *Gottfried Hermann (1772–1848). Internationales Symposium in Leipzig, 11.–13. Oktober 2007*. Leipziger Studien zur Klassischen Philologie, Bd. 6. Tübingen: Narr 2010, S. 35-49.

Geier, Manfred. *Die Brüder Humboldt. Eine Biographie*. Reinbek bei Hamburg: Rowohlt 2009.

Humboldt, Wilhelm von.

—. „Theorie der Bildung des Menschen". Bruchstücke [1793], in: Ders.: *Gesammelte Schriften*, Bd. I., I. Abt., Werke I: Wilhelm von Humboldts Werke, Bd. 1: 1785–1795. Leitzmann, Albert (Hrsg.), Berlin 1903, S. 282-287.

—. *Werke in fünf Bänden*, Bd. 1: Schriften zur Anthropologie und Geschichte, Bd. 2: Schriften zur Altertumskunde und Ästhetik. Die Vasken, Bd. 3: Schriften zur Sprachphilosophie, Bd. 4: Schriften zur Politik und zum Bildungswesen, Flitner, Andreas und Giel, Klaus (Hrsg.). Darmstadt 1960–1964.

Konrad, Franz-Michael. *Wilhelm von Humboldt*. Bern 2010.

Lenz, Max. *Geschichte der Königlichen Friedrich-Wilhelms-Universität zu Berlin*, 4 Bde.. Halle (Saale) 1910.

Mann, Golo. *Friedrich von Gentz, Gegenspieler Napoleons, Vordenker Europas*. Frankfurt a.M. 1995.

Markschies, Christoph. *Was von Humboldt noch zu lernen ist. Aus Anlass des zweihundertjährigen Geburtstags der preußischen Reformuniversität*. Darmstadt 2010.

Paletschek, Sylvia. „Die Erfindung der Humboldtschen Universität. Die Konstruktion der deutschen Universitätsidee in der ersten Hälfte des 20. Jahrhunderts", in: *Historische Anthropologie* 10 (2002), S. 183-205.

Paulsen, Friedrich. *Geschichte des gelehrten Unterrichts auf den deutschen Schulen und Universitäten vom Ausgang des Mittelalters bis zur Gegenwart. Mit besonderer Berücksichtigung auf den klassischen Unterricht*, 2 Bde. Berlin/ Leipzig 1919/1921.

Richter, Wilhelm. *Der Wandel des Bildungsgedankens. Die Brüder von Humboldt, das Zeitalter der Bildung und die Gegenwart.* Historische und Pädagogische Studien. Bd. 2, Berlin 1971.

Rohstock, Anne. „Hemmschuh Humboldt oder Warum scheitert die Hochschulreform? Universitäre Neuordnungsversuche zwischen Sputnik-Schock und Bologna-Prozess (1957–2009)", in: *Zeitschrift für pädagogische Historiographie* 14 (2009), Hf. 2, S. 60-67.

Safranski, Rüdiger. *Friedrich Schiller oder die Erfindung des deutschen Idealismus.* München/Wien 2004.

Schiller, Friedrich. „Ueber die ästhetische Erziehung des Menschen in einer Reihe von Briefen", in: *Friedrich Schiller: Nationalausgabe*, Bd. 20: Philosophische Schriften, Lieselotte Blumenthal und Benno von Wiese (Hrsg.). Weimar 1962, S. 309-412.

Wiersing, Erhard (Hrsg.). *Humanismus und Menschenbildung. Zu Geschichte, Gegenwart und Zukunft der bildenden Begegnung der Europäer mit der Kultur der Griechen und Römer.* Detmolder Hochschulschriften, Bd. 4. Essen 2001.

Pirmin Stekeler-Weithofer

Die Wissenschaft und das gute Leben als das Thema der Philosophie

1. Einleitung

Der üblichen Vorstellung von der Philosophie gemäß behandelt sie in ihren ,theoretischen' oder systematischen Teilen ein metaphysisches Wissen über erste und letzte Dinge. In ihren ,praktischen' oder ethischen Aspekten soll es dann um das Verhältnis einer allgemeinen Idee des Guten zur individuellen Tugendhaftigkeit gehen, wenn nicht bloß um allgemeine Lebensweisheiten. Dabei werden Kernsätze wie die des Sokrates, dass Unrecht zu ertragen besser sei als Unrecht zu tun, in der Regel als direkte und, was noch bedeutsamer (und zwar falsch) ist, als universelle, d.h. alle möglichen Situationen betreffende Ratschläge gedeutet. Nicht anders steht es mit der durchaus schwächeren Kopie dieses sokratischen Gedankens, wie sie dem Jesus von Nazareth zugeschrieben wird: „Wenn dir einer auf die eine Wange schlägt, dann halte auch die andere hin".

Nietzsche deutet Sokrates bekanntlich sogar in eine Art Geistesverwandtschaft zum Buddhismus hinein. Er meint, Sokrates sehe das Leben als eine Krankheit an. In seinem letzten Gespräch mit seinen Freunden bittet Sokrates diese nämlich, Platons Dialog „Kriton" zufolge, nach seinem Tod dem Asklepius, dem Gott der Heilung und Gesundheit, einen Hahn zu opfern. Leicht zu raten ist, dass das wohl dafür geschehen soll, dass er bald von der größten aller Krankheiten, dem Leben, befreit sei. Aber Nietzsche unterschätzt offenbar die sokratisch-platonische Zweideutigkeit oder Ironie und liest den Satz allzu absolut. Dabei stimmt sicher, dass Sokrates den Gedanken entwickelt, dass der Tod unter anderem *auch* eine Art Befreiung von der Last des Lebens sein kann. Wichtiger ist aber, dass das schiere Weiterleben nie das höchste Gute ist. Fraglich ist außerdem, wie lokal oder wie global dieser Gedanke zu verstehen ist. Nietzsche liest ihn global – und protestiert aufgrund dieser Lesart mit Recht gegen sein eigenes Bild des Sokrates. Aber er verkennt eben damit, dass die ethischen Weisheiten von Moralphilosophen und die Merksätze von Denkern, gerade auch von Sokrates, praktisch immer lokal zu lesen sind. Das heißt, dass sie zwar als allgemeine Gesichtspunkte des Nachdenkens taugen, aber nicht als universale Prinzipien oder Lebensregeln, aus denen man verfahrensmäßig in logischen Deduktionen konkrete Maximen ableiten kann.

Mit anderen Worten, die Prinzipien und Kernsätze philosophischer Ethik sind nie einfach widerspruchsfrei. Im Gegenteil, es gibt zu fast allen derartigen ,Prinzipien' ein Gegenprinzip. In der Anwendung muss man dann oft erst aufgrund eigener erfahrener Urteilskraft herausfinden, welches die bessere Orientierung liefert. Das war im Grunde schon die tiefe Weisheit der scheinbar immer zweideutigen Orakel in Delphi, welche dem Bitt- und Fragesteller immer nur geraten haben, in der Dimension der Frage das Relevante selbst genau zu bedenken. Wenn daher z.B. der König von Lydien, Krösus, hört, dass er, falls er das Persien des Kyros angreife, ein großes Reich zerstören wird, hätte er sich unbedingt noch selbst überlegen müssen, ob es vielleicht sein eigenes Reich ist, das er mit dem Angriff auf Kyros dem Untergang weiht.

Ein solcher tautologischer, weil sich praktisch immer auf die eine oder andere Weise bewahrheitender, Orakelspruch hat offenbar ganz allgemeine Anwendungsmöglichkeiten. Er passt in ähnlich ironischer Ambivalenz wie schon bei Krösus z.B. auf den Griechenlandzug des Xerxes, jedenfalls wenn man an den – freilich viel späteren – Gegenzug des Alexander denkt, auf Napoleons Russlandfeldzug oder auf die Kriegserklärung Österreich-Ungarns 1914 gegen Serbien und dann erst recht wieder auf Hitlers Krieg, um nur einige Beispiele zu nennen. Immer wieder verwundert es, dass auch diejenigen, welche das Schicksal des Krösus aus der Schule sehr gut kennen, das überzeitlich Paradigmatische des Falles für die eigene Zeit selten oder nie begriffen haben.

Aber auch viele anderen allgemeinen Ratschläge oder Denksätze haben eine solche teils zweideutige, teils lokale Form. Manche von ihnen sind scheinbar tautologisch, andere scheinbar antinomisch, also gegen den Nomos des Normalen gerichtet, oder paradox, wenn sie uns nämlich an der Doxa der üblichen Meinung vorbeileiten (wollen).[1] Merksätze nehmen in der Tat aus mnemotechnischen und ästhetischen Gründen gerne eine entweder tautologische oder scheinbar in sich selbst widersprüchliche Form an. In beiden Fällen ist zu fragen, was denn Nichttriviales gesagt sein könnte. Sie zwingen durch eben diese offen provokative Form den Hörer, selbst über den relevanten Sinn nachzudenken und sind eben dadurch ‚thought-provoking'. So gilt zwar ganz allgemein der tautologische Merkspruch „nequid nimis“, auf Griechisch: „meden agan“, auf Deutsch „allzu viel ist ungesund“. Es ist ja trivial, dass alles, was ‚allzu' viel oder ‚allzu' groß ist, irgendwie schlecht ist. Weniger trivial ist die Bestimmung der rechten Mitte etwa zwischen Feigheit und Tollkühnheit oder zwischen Geiz und Verschwendung. Was ist dabei das rechte Maß? Das sagt uns auch die Lehre von der ‚Mesotes' des Aristoteles nicht, sondern überlässt dessen Bestimmung der Erfahrung von Typen von Fällen. Dabei ist dann noch die ‚goldene Mitte' nicht mit dem Mediokren oder Mittelmäßigen zu verwechseln.

1 Paradoxien und Antinomien sind immer auch Erinnerungen an normale Abweichungen vom Normalen. Das Normale ist immer in seinen Allgemeinheiten gestuft.

Entsprechend ist der Rat „Eile mit Weile" (auf Latein: „festina lente") allgemein sicher ein guter Rat. Er wird aber durch den verbal scheinbar widersprechenden Gegenspruch „frisch gewagt ist halb gewonnen" gewissermaßen in seinen Grenzen gehalten. Wie finden wir hier ein allgemeines Maß?

Und noch ein weiteres Beispiel verdient Beachtung. Bias von Priene, einer der Sieben Weisen hellenischer Vorphilosophie, von denen Solon wohl der bekannteste ist, hat völlig Recht mit seiner Lehre, dass man vor dem Reden erst leise über das zu Sagende und seine Folgen nachdenken möge. Und doch ist es ebenso richtig, dass ein freies und lautes gemeinsamen Nachdenken, wo es ohne unerwünschte Nebenfolgen als möglich erscheint, im Allgemeinen sogar viel effektiver ist, als ein allzu vorsichtiges *verbal planning*, selbst wenn dabei viele vorschnelle Urteile wieder zurückgenommen werden müssen. Daher ist die Freiheit der stillen Gedanken beileibe nicht genug. Im Gegenteil, ob ein stiller Gedanke etwas taugt, erweist sich erst in seiner öffentlichen Artikulation.

Der (gute) Gedanke selbst besteht am Ende nur in seinem (guten) Ausdruck, wie der ironisch-paradoxe Spruch von Karl Kraus besonders schön, wenn auch ex negativo und damit verdreht, klar macht: „Es reicht nicht, keinen Gedanken zu haben, man muss ihn auch nicht ausdrücken können." Gerichtet ist diese Paradoxie natürlich vorzugsweise gegen die Oberflächlichkeit öffentlichen Geredes.

Offenbar ist das logische Prinzip des ausgeschlossenen Widerspruchs, wie es für mathematische Redebereiche systematisch in Geltung gesetzt wird und wie es der Zielidee nach auch für andere terminologisch und damit schlusslogisch wenigstens partiell regimentierte Theorien mit schematischen Schlussmöglichkeiten gilt, also für entsprechend axiomartig verfasste Satzsysteme, keineswegs ‚allgemein gültig'. Anders gesagt, ohne adäquate Kontrolle der jeweiligen Angemessenheit eines formalen logischen Schließens aus Grundsätzen droht ein solches Schließen (‚mit Hilfe des Satzes vom Widerspruch') gerade aufgrund seiner Schematismen zu sophistischer Scholastik zu werden oder Eulenspiegeleien zu ermöglichen. Till Eulenspiegel ist ja der derbe Gegenspieler und Zerrspiegel einer rhetorischen Sophistik, wie sie an der Hohen Schule in Erfurt und anderswo gelehrt wurde. Die scholastische Sophistik und ihre schematische Logik erweist sich damit als das gerade Gegenteil wissenschaftlichen und philosophisch-kritischen Denkens, das als solches in jedem Einzelschluss und Einzelurteil immer auch eine konkrete und erfahrene Urteilskraft als Prüffilter für die Anwendbarkeit eines schematischen Schlusses braucht. Anders gesagt, keine Wahrheit gilt wirklich universal, sondern ist immer nur eine generisch-allgemeine Normalfall- oder, wie man heute dazu sagt, Default-Wahrheit.

Der offenbar selbst paradoxe Spruch, dass Ausnahmen die Regel nicht widerlegen, sondern sogar bestätigen, artikuliert eben daher eine allgemeine Wahrheit, gerade auch für Prinzipien der Wissenschaft und Ethik.

Das war im Grunde auch die tiefe Grundeinsicht des Sokrates gegen eine sich am mathematischen Deduzieren orientierende Sophistik etwa eines Gorgias. Platon entwickelt die Einsicht zu einer sinnkritischen Philosophie mit ihren Einsichten in die Formen des Wissens (Wolfgang Wieland), unter Einschluss einer begrenzenden Analyse des Sinns von Mathematisierungen. Aristoteles verschärft diese Kritik an den Mystifizierungen des Mathematischen im Pythagoräismus (bzw. so genannten Platonismus). Es ist allerdings so, dass diese Kritik Platon nicht eigentlich trifft, hat er sie doch selbst entdeckt. Das gilt insbesondere für das Problem der Hypostasierung von Ideen oder Formen im Unterschied zu ihrem angemessenen Gebrauch in einer möglichst situationsinvarianten Darstellung von Welt.

2. Kritische Betrachtung der Wissenschaft

Heute, in einer Zeit der erneuten mystischen Überschätzung des Mathematischen, ist es schwer, den in der Antike schon erreichten Stand philosophischer Kritik an einem überschwänglichen, das Vernünftige weit überscheitenden und in diesem Sinn transzendenten, pythagoreistischen Glauben wieder zu erreichen. Man glaubt heute wie damals an eine angeblich universelle Erklärungskraft mathematisierter und damit quantifizierter, schematisierter und nur dadurch ‚exakter' Wissenschaft. Dabei sind die Gründe für die Überschätzung dieser Wissensform heute durchaus ähnlich wie in der Antike. Schon damals wurde nämlich die Mathematik zum Muster aller Wissenschaft erklärt und zwar sowohl aufgrund ihrer ‚Präzision' oder ‚Exaktheit', als auch aufgrund der ‚Ewigkeit' ihrer Wahrheiten, eben ihrer ‚Situationsinvarianz'. Das geschah aus einer berechtigten Begeisterung heraus, nämlich darüber, dass sich nicht bloß räumliche und kinematische Verhältnisse in einer mathematischen Geometrie und in einer im Grundansatz auf Eudoxos von Knidos zurückgehenden ‚ptolemäischen' Himmelsmechanik sehr genau ausdrücken lassen, sondern dass man auch musikalische Harmonien entsprechend darstellen kann, und dass sogar die Grammatik der Schriftsprachen mit mathematikanalogen Regeln operiert. Hinzu kommt eine sich auf die Formengeometrie gründende (ebenfalls eudoxische) Proportionenlehre, die durchaus als Prototheorie der reellen Zahlen zu verstehen ist. Das alles wissen wir im Wesentlichen aus den ebenso großen wie für uns heute schwer verständlichen wissenschaftsphilosophischen und logischen Dialogen Platons, dem „Parmenides“, „Sophistes“ und „Politikos“, dem „Kratylos“, „Philebos“ und „Timaios“, und natürlich aus den logischen und methodologischen Büchern des Aristoteles, zusammengefasst im so genannten „Organon“, und in der Buchsammlung, die später *Metaphysik* genannt wurde.

Heute sind wir besonders stolz auf die durch Kopernikus, Kepler und Galilei möglich gemachte Verbindung von Himmelmechanik mit terrestrischer Ballistik auf der Grundlage einer an den Begriff der Masse (und entsprechende Massenzahlen) gebundene Gravitationstheorie und ihre Mathematisierung durch Newton. Aufruhend auf den Vorarbeiten des Descartes zur Algebraisierung der Geometrie wurde dafür dann auch die Infinitesimalmathematik ausgebaut, und zwar von Leibniz über Gauss und Riemann bis Einstein, Minkowski und Hilbert. Hinzu kommt nach und nach die mathematische Darstellung anderer Kräfte bzw. Bewegungsimpulse oder Bewegungsformen. Wir freuen uns dann auch zurecht darüber, dass es uns gelungen ist, etwa Autos zu bauen oder Flugzeuge und Raketen, meinetwegen auch Atombomben und Atommeiler, und dass wir die Bewegungsbahnen von Satelliten sehr genau vorhersagen oder steuern können – um von der hohen Präzision unserer geometrischen und chronometrischen Messinstrumente als Voraussetzungen quantitativer Mathematisierungen in den entsprechenden geometrisch-kinematischen bzw. (elektro-)dynamischen Kontexten gar nicht weiter zu reden. Vergessen wird dann leider, dass es in den bloß statistischen Wissenschaften über das Verhalten von Menschen nie quantitative Präzisionen geben kann.

Was aus diesem Fortschritt mathematisierten Wissens im Bereich des technischen Handelns, einerseits, über das, was ohne unser Handeln in der Natur für sich regelmäßig und manchmal auf gesetzesartig darstellbare Weise geschieht, andererseits, für das allgemeine Verstehen unserer Lage in der Welt folgt, das ist alles andere als klar.

Wenn einer, der mit Mühe kaum gekrochen ist auf einen Baum, schon meint, dass er ein Vogel wär’, so irrt sich der. Das sagt Wilhelm Busch. Wir können das Bild von dem springenden Frosch, den Busch zeichnet, durchaus auf Entwicklungsbiologen und Hirnphysiologen übertragen, die meinen, sie seien schon auf dem rechten Weg, die Form und Entwicklung denkenden Bewusstseins oder menschlicher Handlungsfähigkeiten zu verstehen. Was wir bestenfalls verstehen, sind einige wenige notwendige Vorbedingungen eines funktionsfähigen Organismus. Was wir kennen, sind einige Korrelationen von mentalen Tätigkeiten mit Hirnereignissen, wie sie mit allerlei bild- und farbgebenden Verfahren zur Zeit intensiv erforscht werden.

Im Allgemeinen betrachtet, sind die Verhältnisse hier zwar logisch durchaus einfach und klar. Aber sie werden gerade in dieser ihrer Einfachheit in einer Feuilletonwissenschaft, wie sie von Gerhard Roth und anderen leider praktiziert wird, offenbar nicht begriffen. Denn es ist ja trivial: Wer keine Hände hat, kann nicht greifen. Wer keine Augen hat, kann nicht sehen. Wer keine Zunge hat, kann nicht sprechen. Wessen Gehirn entsprechend lädiert ist, der kann sich möglicherweise an nichts erinnern oder er kann nicht kohärent sprechen oder denken. Hände, Augen, Zunge und funktionsfähiges Gehirn sind in diesem Sinn notwendige kausale Bedingungen, aber damit noch lange keine kausalen Erklärungen für das menschliche Handeln, Sehen, Sprechen und Denken. Gesunde Hände reichen bei Weitem nicht aus für ein Greifen, gesunde Augen nicht für ein Sehen, schon gar nicht für ein Sehen von etwas Bestimmten in seinen Möglichkeiten. Das alles gilt durchaus auch zusammen mit einem neurophysiologisch gesunden Gehirn. Denn das Gehirn hat ohne Vermittlung über ein symbolisch artikulierbares Wissen gar keinen Zugang zu bloßen Möglichkeiten. Wissen über Mögliches aber ist Teilnahme an einer Gemeinschaftspraxis. Zugang zu bloßen Möglichkeiten gibt es nicht ohne Tradition des Wissens, vermittelt durch Sprache. Das kann jeder erkennen, wenn er nur genau genug nachdenkt.

Das Lernen von Sprache und sprachlich vermitteltem Wissen gehört daher zu einer kategorial ganz anderen Klasse notwendiger Bedingungen für die Kompetenz eines richtig denkenden und erfolgreich handelnden Zugangs zur Welt als physiologische oder genetische Vorbedingungen. Dabei ist, das ist zugegeben, ein genetisch mitbedingtes Kooperieren-Können Voraussetzung des Lernens. Eine ganz andere Voraussetzung ist die tradierte Präexistenz des so Lernbaren, die humane Kultur. Es ist methodisch absurd, diese in der Weise bloßer Evolution von Tier- und Pflanzenarten oder von zugehörigen Lebensformen erklären zu wollen.

Man kann zwar verbal die kategoriale Besonderheit menschlicher Kultur, freien menschlichen Handelns und der dafür nötigen Sprache etwa gegenüber den Verhaltensweisen von irgendwelchen Tieren leugnen. Das ist aber so wissenschaftlich, wie wenn man die kategorialen Differenzen zwischen Pflanzen und Tieren leugnete. Unsere theoretischen Erklärungen müssen die Phänomene retten, die Fakten aufheben, wie schon Platon und damit die frühe philosophische Reflexion auf die Wissenschaft weiß. Das heißt, es ist einfach falsch, zumindest dogmatisch, offenbare Fakten, und das heißt offenbare Unterschiede in der real von uns erfahrenen Welt, zugunsten einer bloßen Theorie zu leugnen.

Wir sollten also die Kirche im Dorf lassen und die medizinische Neurophysiologie oder die evolutionäre Biologie in ihrer begrenzten Forschungsmethode angemessen platzieren. Sie wird aus logischen Gründen nie eine volle ‚kausale

Erklärung' des Gesamtphänomens menschlichen Erkennens und Handelns liefern können. Ein solches Erkennen und Handeln ist immer Teilnahme an einem gemeinsamen Wissen.

Die durchaus engen Grenzen physikalisch-physiologischer und biologisch-evolutionshistorischer ‚Erklärungen' bloß notwendiger Bedingungen des Wissens werden gerade heute nicht als solche anerkannt, geschweige denn im Blick auf die disziplinär begrenzten Methoden angemessen expliziert. Stattdessen wird die Forderung nach einer solchen Anerkennung mit dem Vorwurf konfrontiert, das liefe auf die Anerkennung mystischer Rätsel hinaus. Zu beklagen ist, dass sich hier eine gewisse Anspruchslosigkeit an verbalen Erklärungen mit einer gewissen Überschätzung ihrer Leistungen mischt. Philosophie reflektiert dagegen auf die immer auch sozialkulturelle Arbeitsteilung in den Wissenschaften. Und sie kritisiert Überschreitungen der Grenzen von Sinn und Geltung der immer nur für einen begrenzten Anwendungsbereich als wahr oder richtig erkannten Aussagen einer Wissenschaft.

Gerade hier wird eine Erinnerung an Aristoteles und seine Metaphysik bzw. Ontologie sinnvoll, obgleich deren methodologischer Status bis heute umstritten ist. Denn Ontologie wird häufig immer noch nicht als logische Analyse unseres Redens über das, was es gibt, unter Einschluss der Kriterien der Existenz und Wahrheit verstanden, sondern als überschwängliche (‚transzendente') Spekulation darüber, was es angeblich hinter dem Rücken unseres je beschränkten Wissens in einer vermeintlichen Welt jenseits aller bloßen Erscheinungen so alles geben soll. Mit anderen Worten, Metaphysik und damit Philosophie wird nicht als sprach- und gedankenkritische Wissenschaftsreflexion aufgefasst, besonders auf die theoretischen Entitäten unserer symbolisch konstruierten Theorien und Modelle der Erklärung realer Phänomene, sondern als transzendenter Glaube an ein Jenseits oder eine absolute Welt an sich, losgelöst von unserer Welt unserer Erfahrungen. Metaphysik wird damit zu einer bloßen Glaubensphilosophie.

Die Welt an sich, an die man als Ursache unserer Wahrnehmung und der Erscheinungen glaubt, wird dann bei manchen nicht bloß von „mathematischen" Größen wie „Kräften" bevölkert, sondern von Götter oder Dämonen, oder auch im Monotheismus, von einem Einheitsgott, als Schöpfer und Lenker des Weltalls an sich. Dabei ist schon Platons Rede von Gott als einem Weltarchitekten nicht wörtlich gemeint. Sie ist nur metaphorische Artikulation der Idee, in der Wissenschaft das Design einer idealen Weltarchitektur zu rekonstruieren. Die Welt soll so erscheinen, als sei sie technisch hergestellt. Die Wissenschaft bemüht sich damit um Einsicht in die stabilen (Bewegungs-)Formen der Welt. Die kontingenten Einzelereignisse oder Phänomene gehören bloß zur statistischen Empirie. Platon behauptet demgemäß auch nicht, es gäbe einen göttlichen Schöpfer von Formen, die ihrerseits die Erscheinungen kausal hervorbringen. Dennoch meint man, schon Aristoteles setze sich von Platons pythagoreistischen Platonismus ab. Das aber ist eher ein Problem der Rezeption. Dies macht Platon zu einem grundlegenden Denker für das hellenisierte Judentum im Pharisäismus (etwa bei Philo von Alexandrien) und für das Christentum – später auch vermittelt über den Neuplatonismus.[2]

Was die Frage nach Wahrheit und Objektivität angeht, finden wir besonders wieder bei Kant im Nachdenken über das Relationale jeder Existenzaussage und jedes Wahrheitsanspruchs. Hintergrund ist das begriffliche Verhältnis von Form und Formausdruck, *eidos* und *logos*, bzw. umgekehrt von Ausdrucksform und Inhaltsform. Der Inhalt (die Bedeutung, der Begriff) eines Wortes (*logos*) ist also selbst immer schon eine Form, ein *eidos*. Dabei ist es nicht bloß aus mnemotechnischen Gründen interessant, sich an den Zusammenhang von *eidos* als Sehgestalt oder gesehene Form, *videre* als Sehen und Wissen, zu erinnern. Wissen ist nämlich recht verstandenes Formsehen, gemäß der indoeuropäischem Wurzel ‚vid'. Noch heute sagt man daher, „ich sehe" („I see") nicht bloß um zu sagen, dass man etwas visuell wahrnimmt, sondern dass man etwas Allgemeines einsieht, nämlich dass man die relevante Form des Gesagten oder Gezeigten erfasst. Hierin bestätigt sich Platons tiefe Einsicht, dass der Gegenstand jedes Wissens eine allgemeine Form ist, und zwar selbst dort, wo sich das Wissen auf etwas Konkretes bezieht, etwa auf ein einzelnes Ding oder Geschehen, in dem eine allgemeine Form mit der Einzelerscheinung sozusagen als zusammengewachsen (*con-cretum* nach: *con-crescere*) erscheint. Andersherum gesagt: Wir erkennen etwas Konkretes immer nur als etwas Allgemeines. Wir verstehen etwas Einzelnes immer nur als etwas. Das kann eine Aktualisierung einer tätig wiederholbaren Handlungsform sein oder eine sich in der Natur ohne unser handelndes Zutun und Pflege, also jenseits unserer Kultur sich wiederholende Ereignis- oder Geschehensform. Es kann auch eine sich ebenfalls von selbst ergebende Gegenstands- oder Dingform sein. Entsprechend unterscheiden wir auch kulturell hergestellte Gegenstände (wie z.B. Tische und Amphoren, Kleidung und Wege, Kriegsgerät und andere technischen Gerätschaften) von Steinen, Bergen, Tälern und Flüssen, wie sie die Natur formt, wie sie sich also zunächst ohne unser handelndes Zutun sich entwickeln. Hinzu kommt dann natürlich das Leben von Organismen, Pflanzen und Tieren, und von uns selbst, soweit wir auf unser eigenes Leben nicht handelnd Einfluss nehmen.

2 Dieser steht in der Nachfolge der wie bei Sokrates nur mündlichen Lehren des Ammonios Sakkas (ca. 175-242 n Chr.), des Lehrers von Plotin (205-270), der trotz wahrscheinlicher Namensverwechslungen durchaus auch Einfluss auf das Denken des wichtigen Kirchenlehrer Origenes gehabt haben könnte.

Dabei ist es dann nicht etwa erst eine Einsicht der frühen Neuzeit, dass zielgerichtetes Handeln nur dadurch möglich ist, dass man einerseits weiß, was alles von selbst geschieht, und zwar entweder normalerweise oder dann auch schon notwendigerweise, und dass unsere handelnde Intervention gerade vom Wissen über diese Differenz abhängt. Es hat ja keinen Sinn, das Unmögliche handelnd erreichen zu wollen. Noch hat es Sinn, sich etwas, das ohne unser Zutun geschehen ist, als Ergebnis unseres Handelns selbst zuzuschreiben. Instrumentelles bzw. zielgerichtetes individuelles oder gemeinsames Handeln ist also immer nur dort möglich, wo wir Anfangsbedingungen A tätig herstellen können, von denen wir wissen, dass diese häufig (genug) oder immer zu einem Ziel Z führen, das wir, bei der Planung der Handlung, sprachlich bzw. symbolisch vorwegnehmen können und eben daher bei der Kontrolle der Zielerfüllung der Handlung gebrauchen können. Damit sehen wir auch, inwiefern Wissen und Wissenschaft zum Thema der Philosophie wird. Nicht im Sinn der so genannten Erkenntnistheorie, die fragt, was denn als sicheres Wissen gelten darf, als ginge es um die Sicherheit eines Einzelwissens der Art, ob das, was ich als Einzelnes gesehen habe oder du mir berichtest hast, „wirklich so war", wie ich es gesehen habe oder wie du es berichtet hast. Hier kann es immer Irrtümer und Täuschungen geben. Es geht dabei aber immer um allgemeine Orientierungen und um einen allgemeinen Erfolg. Dass Einzelversuche des Urteilens und Handelns gelegentlich scheitern können und wiederholt werden müssen, ist daher erstens durchaus normal und zweitens kein Argument gegen allgemeines Wissen und Können.

Die Philosophie interessiert sich zwar durchaus für Irrtümer und Täuschungen, für ihre Arten und Möglichkeiten. Sie interessiert sich aber viel weniger als man glaubt für die subjektive Gewissheit im Einzelfall oder um die objektive Sicherheit eines Einzelwissens. Es geht ihr viel mehr um den allgemeinen Status des Wissens als Allgemeinwissen und um den Begriff, die Idee oder Kriterien der Wahrheit selbst: Wahrheit benennt dabei, sozusagen, die kriteriale Form der allgemeinen Bewertung allgemeiner Aussagen als richtig, d.h. als richtungsrichtig bzw. je hinreichend verlässlich – unter der Voraussetzung ihres angemessenen Verständnisses oder eines angemessenen Gebrauchs. Es geht dabei um die Realform des wahren Wissens im Gegensatz zu einer verbalen Idealform, in der wir die Zielrichtungen der Realform so artikulieren, als hätte der Prozess der Verbesserung des Reallwissens real erreichbare ideale Endpunkte. Dabei verhalten sich Realform und Idealform des Wissens oder des Wahren so wie die Realform oder Gestalt eines für bestimmte Zwecke gut genug realisierten Quadrats, gleichseitigen Dreiecks oder Kreises zur idealen Idee des Quadrats, gleichseitigen Dreieckes oder Kreises. Es ist entsprechend trivial, dass ideale Wahrheit und Wissen nie real erreichbar ist.

3. Das gute Leben in Weisheitslehren und in philosophischen Strukturanalysen

Die Ethik des Kynismus (Diogenes von Sinope) und Skeptizismus (Pyrrho, Sextus Empiricus), die in gewisser Nachfolge zum Sokrates-Schüler Antisthenes steht, und dann auch die Ethik des Epikur oder später des Lukrez in der Nachfolge des Sokrates-Schülers Aristipp sind schon frühe Lebensphilosophien. Sie gehören zu einer Art aphoristischer Weisheitslehre. Hierzu zählt auch die Stoa, trotz ihres vermeintlichen Anspruchs auf logische Wissenschaftlichkeit. Ein Wissenschaftsprojekt gibt es in ihr nicht eigentlich mehr, ganz im Unterschied zur ursprünglichen platonischen Philosophie und Akademie, der mit ihr durchaus ideell verbundenen Bibliothek in Alexandrien oder zum aristotelischen Peripatos mit seinen ausschwärmenden empirischen Wissenschaftlern. Auch Platons Ethik ist schon Teil einer wissenschaftlich betrachteten Verfassung (politeia) von Staat (Stadt, polis) und Gesellschaft mit ihren Subsystemen der formellen und informellen Bildung von Personen (Erziehung und paideia), samt der Ausbildung einer freien ‚ethischen' Haltung, verstärkt durch eine tradierte Kultur oder Zivilreligion. Eine solche braucht entsprechende Feiern, in denen Musik und andere Künste ihren funktionalen Platz erhalten sollen. Hinzu kommt eine arbeitsteilige, hierarchische, Administration und militärische Verwaltung, ferner eine freie Ökonomie der Normal-Bürger. Kurz, Platon entwickelt erstmals eine rudimentäre normative, weil teleologisch-zielgerichtete, Wissenschaft von einer arbeitsteiligen Gesellschaft, samt einer dafür notwendigen ‚wissenschaftlichen Pädagogik', der Ausbildung von ethischen und dianoetischen Kompetenzen, also von Tüchtigkeiten und Wissen. Dabei interessiert er sich nicht etwa für alle Normalbürger, sondern besonders für eine Leistungselite, wie sie für das Gemeinwesen besonders im prekären militärisch-administrativen Bereich bedeutsam wird.

Dabei sind die Bücher der Politeia (des „Staates“) und der Nomoi (der „Gesetze“) bloß erste Entwürfe. Man sollte sich daher am Kruden und scheinbar Undemokratischen der einzelnen Vorschläge nicht stören. Sonst liest und denkt man nämlich völlig anachronistisch. Platon versteht sich nämlich selbst, wie schon seinen Lehrer Sokrates, als Protagonisten einer neuen, bis dahin unerhörten Idee. Seine Überlegungen liefern Prototypen für weitere, in Vielem oder gar Allem möglicherweise dann je besseren Überlegungen. Schon die „Gesetze“ modifizieren vieles am „Staat“: Hier wird die Verfassung ausdifferenziert und manche Aspekte sind weglassen, etwa die Abschaffung der Ehe bzw. die ‚freie' Partnerwahl der Soldaten und Soldatinnen. Platons „Staat“ und „Gesetze“ sind die erste systematische Wissenschaft von der Idee des Guten, vom guten Leben im Allgemeinen.

Demgegenüber bleiben die modernen Nachfolger Epikurs oder der Stoa, von Montaigne über LaBruyère, LaRochfoucault oder Vauvenarges bis, sagen wir, zu Goethe, auch Schopenhauer oder auch Nietzsche alle eher aphoristisch. Gerade bei den Letztgenannten, besonders bei Nietzsche, können wir sehen, wohin es führt, wenn man wichtige Differenzen in den grundsätzlichen Denkansätzen der Tradition übersieht und damit den reflexionstheoretischen Status von philosophischen Kernsätzen mit dem allgemeiner Lebensregeln kontaminiert. Nietzsches harsche Kritik an der Moral des Sokrates und dann auch am Christentum behauptet ja im Wesentlichen, es handele sich um eine Ethik des Ressentiments, etwas klarer, dafür grober gesagt, des Neides einer geistig minderbemittelten Masse gegen einen freien aristokratischen Ehrenkodex. Nietzsche lobt den Edlen, ähnlich wie die antike chinesische Philosophie, der keiner moralischen Pflichtsetzung durch einen Gott bedarf und keiner Sanktionierung durch ein mythisches Jüngstes Gericht. Der Aristokrat braucht angeblich keine Vermittlung und Kontrolle durch eine Priesterschaft mit ihrer Hierarchie und einem angeblichen Auftrag eines Gottes, die Herde der Schafe des Herrn, also die dumme, im Denken und in der Moral unfreie Masse zu hüten.

Nietzsches Kritik an der üblichen Vorstellung von Moral und moralischer Pflicht wird zwar bis heute unterschätzt, gerade wenn man meint, er plädiere für eine faschistoide Unmoral der blonden Bestie und nicht für eine Begründung des ethischen Urteils in der Idee der Autonomie einer aristokratischen Persönlichkeit. Freilich ist Nietzsches eigene Kritik nicht wohlplatziert. Er verwechselt sozusagen Freund und Feind in seinem Denken und zielt in seiner Erfindung einer Genealogie der Moral weit neben das Schwarze. Denn um hier zu treffen, hätte er zumindest Kants Versuch der Begründung eines autonomen moralischen Urteilens von Personen im freien Selbstdenken ernsthaft in seiner Bedeutung erkennen müssen, samt der Ähnlichkeit des Ansatzes Kants zu seiner eigenen Kritik an der heteronomen Moral in einem gedankenschwachen Christentum, das besonders im 19. Jahrhundert in einen kindlich-süßlichen Aberglauben oder in die Selbstgerechtigkeit des Viktorianismus abrutscht. Und er hätte seine Kritik an einem Moralisieren etwa bei Bentham oder J. St. Mill aber auch Goethe deutlicher artikulieren müssen, das ja den auf Gott bezogenen Glauben, die Hoffnung und die Liebe nur oberflächlich säkularisiert und in eine lauwarme Liebe zur Mensch- und Tierheit verwandelt. Dabei schwanken Utilitaristen bis heute zwischen einer pathetischen Hoffnung auf das Gute im Menschen und einer dramatischen Verzweiflung, die sie, wie schon Schopenhauer, in die Nähe des Buddhismus bringen. Diese Lehre besagt, dass das Leben Leiden sei – mit der Folge, dass die erwünschte Schmerzfreiheit am Schnellsten und Sichersten im schnellen Tod zu erreichen wäre.

Das Problem einer, wie Nietzsche sie nennt, Tschandala-Moral oder Ethik für die Massen ist gerade die Verneinung einer für das gute Leben nötigen Arbeitsteilung in einer zugehörigen Meritokratie oder Aristokratie des Könnens, für die Sokrates und Platon eintreten, in partieller Kritik einer reinen Wahldemokratie, in dem der Zufall die Führer und mit ihnen die Katastrophen unfähiger Führung bestimmt. So wie Nietzsche dabei in Sokrates oder dann auch Kant ganz unpassende Gegner ausmacht, so wird auch er selbst auf ganz unpassende Weise kritisiert für seinen angeblich protofaschistischen Aristokratismus, seine Kritik an einer in der Tat naiven Idee von Massendemokratie und an einem ebenfalls naiven Utilitarismus, wie er bei Bentham ideell nicht anders als später im real existierenden Sozialismus zu einer wie in einem Panoptikum zentral kontrollierten, allseits befriedeten und dabei möglichst schmerzfreien Massenmenschhaltung führt, und das auch noch im Namen von Gleichheit und Humanität.

Das Ausbleiben von Schmerzen und das Wohlgefühl der Sättigung derer, denen alles nach Wunsch und Willen geht, reichen für ein gutes Leben aber bei Weitem nicht aus. Sonst müsste der fröhliche Demente wie etwa auch die gut gefütterte Giraffe im Zoo zu den glücklichsten Wesen zählen. Daher ist auch schon Kants Definition der beatitudo oder Glückseligkeit so irreführend, nach der derjenige glückselig sei, dem alles nach Wunsch und Willen gehe, dem also ein Maximum seiner Präferenzen erfüllt werden.

Kurz, lange vor Aldous Huxley erkennt Nietzsche die Gefahren einer Schönen Neuen Welt, wie sie gerade ein naiver Demokratismus und Utilitarismus hervorbringt, wie sie viel verantwortlicher sind für die faschistischen und kommunistischen Diktaturen des 20. Jahrhunderts als irgend eine der vielen Fehldeutungen Nietzsches, Hegels oder Platons. Es sind daher die Mythen über die Philosophie zu kritisieren, die Karl Popper in seinem Kriegsbuch „Die offene Gesellschaft und ihre Feinde" publikums- und karrierewirksam in die Welt gesetzt hat. Auch hier ist es höchst interessant zu sehen, dass sich und warum sich Popper falsche Feinde sucht, so dass er die Verteidigung eines bürgerlichen Liberalismus bei Hegel nicht erkennt, die Idee des Rechtsstaats bei Plato nicht und die der autonomen Person nicht bei Nietzsche.

4. Philosophische Kritik an dogmatisch-metaphysischen Stützen der Moralität

Die Stoa (nach Zenon) wirbt bekanntlich für die Seelenruhe der Attaraxia, die Unerschütter-lichkeit, bzw. für die Apathia, die Leidensfreiheit oder besser: für eine Haltung der verachten-den Überwindung des Leidens, besonders des psychischen Leidens, unter Anerkennung der gegebenen Verhältnisse. Am Beispiel des in manchen Ideen verwandten Buddhismus kann man dabei eine Grundform philosophischer Reflexion und Kritik sehr schön, weil klar und schnell, sehen. Denn die buddhistische Lehre vom Karma, das man durch moralisch gute Taten verbessern können soll, kann doch ganz offenbar nur den überzeugen und motivieren, der an die Lehre von einer Art Widergeburt glaubt. Das Karma soll ja den Aufstieg ins Nirwana ermöglichen, also die Beendigung des Kreislaufes der Wiedergeburt. Wenn man aber die ganz offenbare Tatsache ernst nimmt, dass wir vor der Geburt nicht (bzw. nichts) waren und nach der Geburt nicht (nichts) sein werden, läuft diese ganze Idee ins Leere. Warum sollten wir uns bemühen, in ein Nichts einzugehen? Das wird schon von selbst geschehen.

Die Philosophie gründet ihre Kritik an einem solchen dogmatischen Glauben immer auch auf einer Anerkennung der klaren Tatsachen des Lebens. Insofern teilt sie einen robusten Pragmatismus und eine robuste Skepsis gegen bloße Behauptungen mit der antiken Skepsis.

In der Artikulation der nötigen Anerkennungen von ‚brute facts' unseres Leben in der Welt und in der Aufdeckung von ungeklärten oder willkürlichen Unterstellungen haben wir ein zentrales Merkmal der Philosophie gefunden, das freilich gleich auch normativ zu lesen ist. Denn es handelt sich um eine Aufgabenstellung, die mancher Ansatz, der zur Philosophie zählen möchte oder von vielen dazu gezählt wird, auch verfehlen kann: Hauptaufgabe der Philosophie ist es nämlich, problematische implizite Voraussetzungen in unserem üblichen Urteilen und Handeln aufzuspüren. Diese können sowohl aus mythologischen Traditionen eines religiösen Glaubens stammen als auch aus den Unterstellungen eines sich für wissenschaftlich begründet haltenden Weltbildes. Dabei weigert sich die Philosophie, ein solches Weltbild schon dann für gut zu halten, wenn es bloß besser ist als manche andere, die es ablösen möchte. Damit lässt sich die Differenz zwischen Philosophie und (sophistischer) Scholastik noch etwas genauer als bisher bestimmen: In der Philosophie geht es um die Entwicklung der Fähigkeit des autonomen Nachdenkens über die impliziten Grundlagen üblicher Urteile und Orientierungen durch deren Explikation, nicht um die Vermittlung einer wahren Lehre. Es geht ihr um kritisches Selbstbewusstsein, nicht um eine fundamentale Erklärung der Welt. Es geht ihr um das Explizitmachen impliziter Formen des Handelns zum Zwecke einer gemeinsamen Beurteilung und Beherrschung dieser Formen, nicht um eine bloße Apologetik tradierter Formen oder um eine Revolution der Institutionen.

Gerade auch in der Ethik geht es der Philosophie nicht um die werbende Verbreitung eines alten oder neuen Systems moralischen Urteilens, wie das in philosophischen Sekten, gerade auch im Utilitarismus geschieht, sondern um ein explizites Verständnis des Status freien moralischen Urteilens.

Andererseits ist philosophische Reflexion selbst immer schon normativ. Das liegt daran, dass sie weiß, das jedes Urteil in seiner performativen Rolle einen normativen Anspruch auf Richtigkeit erhebt, wobei zunächst Sinnhaftigkeit oder Bedeutung vorauszusetzen ist – in dem Sinne, dass klar sein sollte, was es heißt, dem Anspruch zuzustimmen bzw. ihn als richtig oder wahr zu werten. Was also sind die Bedingungen und Folgen der jeweiligen Wahrheit? Die Wahrheitsbewertung selbst bescheinigt am Ende immer nur die Orientierungsrichtigkeit der Aussage oder des Anspruchs – was je nach Redekontext ganz Verschiedenes bedeutet. Mathematische Wahrheit ist z.B. etwas ganz anderes als die Wahrheit eines Berichts und diese etwas Anderes als die Richtigkeit einer generischen Erklärungen typischer oder sonst wie rekurrenter Phänomene.

Eben weil jedes Urteil allgemein gemeint ist, ist jedes Urteil normativ. Was einer bloß für sich meint, interessiert andere nicht. Er kann sein Urteil bei sich belassen, es einfach im Raum stehen lassen, wie man hierzulande zu oft sagt. Die vermeintlich bloß deskriptiven (beobachtenden) Wissenschaften verkennen die immer engagierte Normativität jedes Wissensanspruchs. Dasselbe gilt auch für jedes moralische Urteil und jedes Rechtsurteil. Der Amerikanische Pragmatismus hat dies alles in partieller Nachfolge zu Hegel schon eingesehen: Der Barwert jeder Wahrheit (William James) liegt in der praktischen Orientierung. Zu jeder Aussage gehören die performative Haltung samt den Selbstverpflichtungen (Commitments) derer, die sie vertreten, und zwar auch zum Inhalt der Aussage.

5. Metaphysik als kritisches Selbst-Bewusstsein der Wissenschaft

Der Grundfehler aller ‚falschen' Metaphysik besteht in der Identifikation das Wahren oder Wirklichen mit dem Ideal vollkommenen Wissens. Es wird dabei verkannt, dass jede Rede über ein solches Ideal so ist, dass das Ideal per definitionem oder auf tautologische Weise unerreichbar ist. Wir reden über ein solches Ideal, um die richtige Richtung des Wissensfortschritts so zu artikulieren, als ließe sich die Richtung durch einen (zumeist imaginären) Zielpunkt artikulieren. Auf der Erde sind zwar die Richtungen Nord und Süd durch Örter, die Pole, bestimmbar, nicht aber die Richtungen West und Ost. So ähnlich ist es möglicherweise auch im Fall der Richtung richtungsrichtiger Entwicklungen von Wissen oder richtungsrichtiger Entwicklungen von Institutionen. Manchmal stehen partielle Artikulationen imaginärer Ideale der absoluten Erfüllung von Geltungsbedingungen zur Verfügung, etwa im Fall rein mathematischer Wahrheiten, wenn sie wohldefiniert sind. Manchmal wissen wir nur, welche Wissensansprüche besser als andere artikuliert und begründet sind. Aus der Verkennung dieser logico-linguistischen Tatsachen der Reflexion auf die axiologischen Begriffe des Richtigen bzw. Richtungsrichtigen oder Wahren resultieren praktisch alle Missverständnisse im Umgang mit unseren Reden über eine absolute Wahrheit oder Wirklichkeit, samt der Differenzierung zwischen bloßer Meinung oder Überzeugung und ‚wirklichem' Wissen.

Die ‚Kategorien' der Wahrheit oder Wirklichkeit, samt der Kategorien des Scheins und der Phänomene, gehören, wie Hegel schon klar sieht, in den Bereich einer Reflexionslogik, in der es um die Verbesserung bzw. unendliche Verbesserbarkeit objekt- und weltbezogener Wissenschaft geht. Die Kategorie des Absoluten dagegen gehört in eine Begriffslogik, in der wir kontrafaktisch auf spekulativer Ebene über ewige Formen des Wissens bzw. über ihre vernünftige Entwicklung sprechen und die Erfüllungsbedingungen oder Kriterien dieser Formen und Normen des Wissens oder Wahren bzw. des Vernünftigen, des ‚Fortschritts', zu artikulieren versuchen. Dabei besteht die tiefste Erkenntnis oder logische Einsicht Hegels darin, dass das Vernünftige selbst immer nur in der Beurteilung einer Entwicklung als gut oder schlecht existiert, ja dass Vernunft die Form dieser axiologischen Beurteilung ist. Vernunft besitzt also immer nur der, welcher gut an einer gemeinsamen Beurteilung von Formen teilnehmen kann. Im Unterschied zu den Fähigkeiten des Verstandes als Beherrschung von mehr oder minder schon etablierten und mehr oder minder schematisierten Regeln ist die Vernunft frei. Sie verlangt, wie die freie Urteilskraft, individuelle und kollektive Erfahrung. Dabei sind Vernunft und Urteilskraft keine spirituellen Instanzen, sondern Titel für eine gewisse Fähigkeit oder Kompetenz bzw. die zugehörige Praxisform des Urteilens und Entscheidens. Wer bloß Regeln befolgen kann, ist bloß rational, sozusagen regelkonservativ. Freie Vernunft ist weit mehr. Sie setzt immer eine Art sinnkritischer Philosophie voraus.

Daher ist eine Wissenschaft ohne Philosophie keine Wissenschaft, sondern bestenfalls bloße Technik. Bloße Technik ist aber als solche regel- und ideenkonservativ, ganz im Gegensatz zu einer wissenschaftlichen Technik, die in ihren kreativen Teilen, man glaube es nicht, immer auch schon philosophisches Denken praktiziert. Gerade in der Technik müssen wir vernünftige, nicht bloß verstandesmäßige, Urteile fällen und entsprechende freie Schlüsse ziehen.

Es liegt daher durchaus nahe, und ist auch ganz richtig, zu sagen, dass es der Philosophie um das Wissen über das Wissen geht, auch wenn damit immer nur ein zentraler Teil für ein Ganzes genannt ist. Das Ganze ist nämlich das Gesamt eines institutionell, in seinen Formen gut verfassten Lebens. Zum Kern der Fragen der Philosophie gehören daher, was wahres Wissen ist und was bloß Wissen zu sein scheint, was man möglicherweise wissen könnte und was als möglicherweise wahr sinnvoll geglaubt werden kann.

In der Tat wird die Philosophie in diesem ihrem Kern schon von Aristoteles als Wissen vom Wissen, noesis noeseos skizziert. Moderner gesagt ist sie Wissenschaft von der Wissenschaft: Eben daher nennt sie Johann Gottlob Fichte „Wissenschaftslehre“. Ein bloß anderer Name für diese Auffassung von Philosophie im Sinne der Ersten Philosophie (prima philosophia) des Aristoteles ist „Metaphysik“. Sie ist Explikation der Prinzipien (archai) der Wissenschaft bzw. des Anfangs (arche) des Wissens. Später sieht man, dass dieser Kern der Philosophie im Wesentlichen eine Logik des Wissens ist. Das Wissen über diese Logik des Wissens trägt bei Georg Wilhelm Friedrich Hegel den Titel „Wissenschaft der Logik“.

Zur Frage, was theoretische Philosophie ist, haben wir daher inzwischen schon die folgenden offenbar definitorischen Auskünfte erhalten:

1. Philosophie ist Wissen vom Wissen, Wissenschaft von der Wissenschaft (Aristoteles).
2. Philosophie ist daher Wissenschaftslehre (Fichte).
3. Philosophie ist in ihrem Kern Metaphysik (Kant).
4. Metaphysik ist Wissen über die Prinzipien (Anfänge, archai) des Wissens (Heraklit, Parmenides, Platon).
5. Kernbestandteil von Philosophie als Metaphysik ist eine Wissenschaft der Logik (Hegel).

6. Die Idee des Guten

In der so genannten praktischen Philosophie oder philosophischen Ethik geht es um das Gute. Dieses Gute, ja die Idee des Guten selbst deutet Hegel mit Recht als das gute humane Leben.

Platon verwendet, wo er von der Idee des Guten als dem obersten Kriterium aller Wahrheit spricht, bekanntlich das Wort „idea“, „Sehgestalt“, und nicht „eidos“, „feste Form“. Das ist wohl so, weil sich die Vollzugsform des Guten bzw. des guten Lebens immer bloß empraktisch zeigt. Das Gute steht in diesem Sinn immer über dem Wahren: Im endlichen oder ‚bürgerlichen’ Sinn ist eine Aussage wahr, wenn sie für die Kommunikation und Kooperation, der sie dient oder dienen soll, gut genug ist.

Das *eidos* ist gegenständliche Form einer reflektierenden Rede. Praxisformen sind Vollzugsformen. Als solche sind sie keine gegenständlichen Formen.

Wir haben entsprechend auch Vollzugsformen der Rede von den in einer Grammatik thematisierten grammatischen (auch grammatikalischen) Formen zu unterscheiden. Letztere sind insgesamt vergegenständlichte Bezugsformen der Sprachanalyse. Ihre Adäquatheit hängt ab von den im realen Gebrauch der Sprache sich zeigenden Vollzugsformen.

Ethik und Moral ist das Thema der Philosophie nur insofern, als es hier ein Wissen über das guten Leben im Ganzen gibt, wie Sokrates und Platon schon sehen. Dabei ist zwar bis heute umstritten, ob Sokrates Recht damit hat, die arete oder Tugend eines rundum tüchtigen Mannes bzw. Menschen als eine Form praktischen Wissens darzustellen. Klar ist jedoch, dass es bei Sokrates und Platon um die allgemeinen Folgen des moralischen Ethos geht, nicht um die Belohnung des Einzelnen, falls er moralisch handelt, und die Bestrafung, falls er es nicht tut. Zwar entwickelt Platon selbst im 10. Buch des „Staates" den Mythos oder die Idee, dass der Einzelne am Ende des Lebens insgesamt moralisch beurteilt wird, aber ohne dass er wirklich für den Glauben an ein solches Jüngstes Gericht avant la lettre einträte. Wofür Platon seinen Sokrates eintreten lässt, ist aber dies: Es ist gut, so zu leben, als gäbe es ein solches Gericht. Eben damit wird auch nach Hegel Sokrates mit der inneren Stimme seines von ihm so genannten Daimonions zu einer Art Entdecker des Gewissens und der Gewissensentscheidung – und geht sozusagen für diese Entdeckung in den Tod.

Die Karriere des Gewissens ist bekannt. Foucault betont z.B. die Bedeutung der jährlichen Ohrenbeichte wie sie im Jahr 1215 für jeden Christen Pflicht wurde, für die Erziehung der lateinischen Christenheit. Die entsprechende Praxis der eigenen Gewissenserforschung führt am Ende sogar zur Reformation – so dass Hegel den Protestantismus als Verwirklichung sokratischer Ideen deuten kann.

Das gute Leben ist daher nie direkt Thema der Philosophie. Auch die Welt oder Natur ist nie direkt Thema. Philosophie ist immer Meta-Wissenschaft, Meta-Physik und Meta-Ethik. Die Objektwissenschaften sind dagegen – wenigstens heute – die Natur- und Geistes- bzw. Sozialwissenschaften. Eine objektstufige Ethik gehört zur Sittlichkeit der impliziten tradierten Praxisformen und Institutionen, sowie das Recht zum Staat, der explizit die Gesetze erlässt und ihre Einhaltung kontrolliert. Die Philosophie setzt dann auch keine Werte, reflektiert nur auf sie, macht sie also explizit.

Philosophische Ethik ist daher auch nie unmittelbare Ratgeberethik, etwa nach Art der Antworten in von Dr. Dr. Rainer Erlinger im Magazin der Süddeutschen Zeitung. Derartige öffentliche Beichtväter unserer säkularisierten Medienwelt sind sicher wichtig. Und es ist manchmal sogar schön zu sehen, wie sie aus einem offenbar gar nicht schlecht formulierten und daher verbal leicht anerkennbaren

Prinzip wie Kants Kategorischem Imperativ konkrete Lösungen für konkrete Fragen deduzieren. Aber eine philosophische Ethik ist weder eine Verfahrensethik noch Kasuistik. Sie ist eher Reflexion auf den institutionellen Status freier moralischer Urteile etwa in Kontrast und in Konkurrenz zu rechtlichen Beurteilungen einer Sache oder zu einer wertfreien Beschreibung von Verhalten. Es geht dabei also um Sinn und Grenzen ethischer Normativität etwa in Bezug zu Sinn und Grenzen rechtlicher Normen und Regeln bzw. den Normen und Regeln sachhaltiger und wissenschaftlicher Wahrheit.

Die so genannte Praktische Ethik Peter Singers und seiner Nachfolger ist nun aber gerade eine solche Kasuistik, allerdings eine theoretisch oder besser axiologisch-axiomatisch verfasste deduktive Kasuistik. Sie operiert insbesondere in ihren Deduktionen mit Argumenten, welche eine formallogische Konsistenz des Urteilens einklagen. Man geht also grob so vor, dass man zunächst an Intuitionen und Plausibilitäten für axiomartige Prinzipien appelliert. Nachdem man diese Zustimmung hat, versucht man zu zeigen, was sich so alles aus diesen Prinzipien angeblich logisch ergibt. Es wird so etwa bewiesen, dass Gorillas höheren moralischen Wert haben als Säuglinge. Daher ist die so genannte Praktische Ethik auch so problematisch.

Philosophie ist, wie gesagt, immer nur Meta-Ethik. Sie ist eben damit immer auch Kritik an jeder scholastischen Formalistik im freien ethischen Urteilen. Um das zu sehen, ist die Interpretation der Geschichte der Philosophie gegen den Strich zu bürsten. Nicht bloß in der Gegenwart, sondern auch in der Vergangenheit haben nämlich viele so genannte Philosophen und Philosophiehistoriker nicht begriffen, worum es geht.

Literaturangaben

Chesterton, G. K. *Menschenskind* (orig. *Manalive*). Freiburg: Herder Verlag 1962.

Huxley, Aldous. *Schöne Neue Welt* (orig. *Brave New World*). Frankfurt: Fischer Taschenbuchverlag 1953.

James, William. *Der Pragmatismus*. Übers. W. Jerusalem, Oldenbourg: Akademieverlag 1975.

Popper, Karl. *Die offenen Gesellschaft und ihre Feinde*. Tübingen: J.C.B. Mohr Verlag 1973.

Wieland, Wolfgang. *Platon und die Formen des Wissens*. Göttingen: Vandenhoeck & Ruprecht 1985.

Martin Schubert

Erkenntnis in der Wissenschaft. Von Paradigmen und Umbrüchen

Einführung

Dieser Text basiert auf einem Vortrag im Rahmen der Studium generale-Ringvorlesung „Querdenker – Wissenschaft außerhalb gängiger Paradigmen" zu Ehren von Prof. Dr. phil. Hans-Ulrich Niemitz an der HTWK Leipzig. Die Ringvorlesung sollte sich mit Querdenkern befassen. Prof. Hans-Ulrich Niemitz war sicher ein solcher, das steht außer Frage.

Was ist also ein Querdenker? Im Brockhaus[1] erscheint der Begriff gar nicht, auch in der Wikipedia[2] fehlt ein eigener Beitrag. Und doch haben wir alle eine Vorstellung davon, was einen Querdenker auszeichnet. Von einem Querdenker erwarten wir neue und überraschende Gedanken, unbequeme, aber auf ein stabiles Fundament gegründete Aussagen, und den Mut, die Positionen auch gegen eine überwältigende Mehrheit zu verteidigen.

Nach Wahrigs Deutschem Wörterbuch bezeichnet Querdenker „jmd., dessen Ansichten u. Äußerungen von der offiziell vorgegebenen od. mehrheitlichen Denkrichtung abweichen." (Wahrig „Querdenker")

Das könnte auch hinter Außenseiter, Spinner oder Extremist stehen. Querdenker aber hat eine positive Konnotation. Viele wünschen sich gar mehr Querdenker in der Gesellschaft. Über Außenseiter oder Extremisten würden das die wenigsten sagen.

Gleichwohl schlägt der Person, deren Denken von der mehrheitlichen Meinung abweicht, meist mehr Ablehnung als Anerkennung entgegen. Eine Bestätigung für seine Thesen kann der Querdenker gar nicht in der konventionell orientierten Masse finden. Er muss für seinen Standpunkt kämpfen und sich substanzielles Faktenwissen aneignen. Dabei muss er wissenschaftlich vorgehen. Genau hier eröffnet sich aber ein enormes Konfliktpotenzial, denn er tritt in Konkurrenz mit der mehrheitlichen Vorstellung darüber, welche wissenschaftlichen Methoden für die Lösung eines Problemes geeignet sind und welche wissenschaftlichen Fakten überhaupt beitragen können.

1 *Brockhaus Enzyklopädie* in 24 Bänden. F. A. Brockhaus, Mannheim, 19. Auflage, 1992.

2 Die Recherche am 29. Juli 2011 zeigt nur einen Verweis auf eine Zeitschrift gleichen Namens und auf einen knappen Artikel, der sich dem „Lateralen Denken" als Kreativitätstechnik widmet.

Grundlagen der Wissenschaft

Es wird daher gewinnbringend sein, sich ein Bild von der Wissenschaft, insbesondere den exakten Naturwissenschaften zu machen. Ein genaueres Verständnis der Grundlagen der Wissenschaften und des Fortschritts derselben beleuchtet die Konflikte, die Querdenker und die wissenschaftliche Gemeinschaft miteinander austragen: Gibt es ein Muster für die Kritik des Querdenkers an der Mehrheitsmeinung, warum bekämpft die wissenschaftliche Gemeinschaft Einzelmeinungen oft mit beinahe fanatischem Eifer und gibt es überhaupt eine Chance für eine Synthese der Meinungen?

Stellen wir uns also zunächst die Frage nach den Grundlagen der modernen Wissenschaften.

Thales von Milet

Ganz an den Anfang wird oft der um 625 v. Chr. geborene Thales von Milet gestellt. Das hat mehrere Gründe. Zum einen hat er Gesetze der Geometrie aus der Theorie in die praktische Anwendung gebracht, indem er die Höhe der Pyramiden anhand ihres Schattenwurfes berechnet hat. Ein Schritt, der uns heute so selbstverständlich erscheint: Die Anwendung von abstrakt-mathematisch beschreibbaren Zusammenhängen auf praktische Probleme unserer natürlichen Umwelt. Dem liegt der Gedanke zugrunde, dass die Abläufe in der Natur unveränderlichen Gesetzmäßigkeiten unterliegen. Der Schatten folgt dem Sonnenlauf mit mathematischer Exaktheit. Noch eindrucksvoller wird diese Idee durch seine Vorhersage der Sonnenfinsternis vom 23. Mai 585 verdeutlicht. Keine religiöse Entität, keine Willkür eines übernatürlichen Wesens stand hinter der Verdunkelung, sondern mathematische Formalismen, die durch jedes denkende Subjekt nachvollzogen werden konnten. Die Welt gehorcht seitdem klaren Regeln, den Naturgesetzen. Nicht immer sind sie gleich offenbar, aber wir vertrauen darauf, dass alles nach einem Regelwerk abläuft. Auch wenn wir keinerlei Beweis für die ewige und allumfassende Gültigkeit angegeben können. Wir glauben einfach daran.

Aristoteles

Um 384 v. Chr. wird Aristoteles geboren. Sein Name ist uns wesentlich vertrauter. Ebenso auch zwei weitere Namen, die in enger Verbindung zu ihm stehen: Platon und Alexander der Große. Aristoteles studiert von 367 an an Platons berühmter Akademie in Athen. Sie gilt zu ihrer Zeit als der wichtigste Treffpunkt von Wissenschaftlern und Philosophen aus der ganzen Welt. So sammelt er Fakten aus allen Wissengebieten, schreibt Lehrbücher und verwendet viel Zeit auf die

Strukturierung des Wissens, auf die Darlegung von Begriffen, Methoden und die Grundlagen der Erkenntnis.Als Platon 347 stirbt, muss Aristoteles aus politischen Gründen Athen und die Akademie verlassen. Von 343/342 bis 335 ist er der Lehrer des damals 13-jährigen Alexanders, den man später den Großen nennen wird. Eine umfassende Bildung und gute Lehrer zahlten sich eben schon immer aus.

Für die Betrachtung der Wissenschaftsgeschichte sind vielleicht drei Punkte der besonderen Erwähnung wert.

Zum ersten gilt Aristoteles als der Begründer einzelwissenschaftlicher Disziplinen, etwa der praktischen und theoretischen Philosophie, der Mathematik, der Metaphysik, der Theologie, der Ethik und der Politik.

Als zweites ist hervorzuheben, dass sich Aristoteles von Platon abgrenzt, indem er die Erfahrung, also die alltägliche Beobachtung, als Ausgangspunkt der menschlichen Erkenntnis sieht. Das ist die Grundlage des Empirismus, der für unsere modernen Naturwissenschaften so prägend ist.

Deduktion

Der dritte Punkt ist vielleicht der bedeutsamste. Aristoteles gilt als Begründer der Logik. Bei seinen Studien in Platons Akademie fällt ihm auf, dass sich verschiedene Argumentationsformen wiederholen und einer bestimmten Struktur folgen. Er erkennt, dass sich unter bestimmten Voraussetzungen Aussagen machen lassen, die vom Zuhörer Zustimmung erzwingen – sofern man nur den Voraussetzungen ebenfalls zuzustimmen bereit ist.

Ein Beispiel mag das illustrieren. Aus den beiden Sätzen „Alle Wissenschaftler sind schlau“ und „Alle Physiker sind Wissenschaftler“ folgt zwingend „Alle Physiker sind schlau.“ Wohlgemerkt, dieser logische Schluss sagt nichts über den Wahrheitsgehalt der beiden ersten Sätze, den sogenannten Prämissen. Aber, wenn alle Wissenschaftler schlau sind und alle Physiker auch Wissenschaftler sind, dann ist auch die Ableitung definitiv richtig.

Die beiden Prämissen können ihrerseits natürlich auch durch einen logischen Schluss aus einer allgemeineren Tatsache abgeleitet worden sein. Auf diese Weise kommt man von allgemeinen und bekannten Aussagen durch schrittweises Ableiten zu einer speziellen Aussage. Diese Form der Ableitung nennt man Deduktion. Der besondere Reiz der Deduktion liegt an ihrem wahrheitserhaltendem Charakter.

„Alle Wissenschaftler sind schlau“ ist dabei sicher kein guter Ausgangspunkt. Das Beispiel soll aber auf ein häufig auftretendes Problem bei der Diskussion mit Andersdenkenden aufmerksam machen. Um eine neuartige Hypothese zu begründen, bedient man sich der logisch-deduktiven Methode. Von allgemeinen Annahmen wird schrittweise auf das Spezielle geschlossen. Man meint, der andere müsse einem zustimmen, die Ableitung sei ja schließlich wahrheitserhaltend und zwingend in ihren Schlüssen. Wird in der Argumentationskette aber auch nur an einer Stelle eine Annahme gemacht, die nicht von allen als wahr angesehen wird („Alle Wissenschaftler sind schlau"), bricht die Argumentationskette zusammen. Diese Bruchstellen sind oft nicht leicht auszumachen, werden vom Argumentationsführer nicht als kritisch erkannt und auch nicht benannt. Andererseits kommt derjenige, der die Mehrheitsmeinung vertritt, oft gar nicht auf die Idee, dass jemand solch eine in seinen Augen abstruse Annahme machen könnte, und entdeckt die Bruchstelle ebenso wenig. So können sich beide Seiten in einer fruchtlosen Diskussion aufreiben.

Meist verstecken sich solche fragwürdigen Elemente hinter Formulierungen wie „wie jeder weiß" und „es ist klar, dass" oder „sagt selbst der Prof. Sowieso, den Sie ja für einen der ganz großen halten".

Der Wahrheitsgehalt des Ausgangspunktes ist also ganz entscheidend für den Erfolg einer Deduktion. Nur – wo soll man ansetzen? Durch die Deduktion wird ja vom Allgemeinen zum Speziellen abgeleitet. Platon hatte dafür das allgemeinste gewählt, was man sich vorstellen kann: Die Idee oder das Urbild des Guten an sich. Hier grenzt sich Aristoteles deutlich von seinem Lehrmeister ab, er setzt auf die Empirie. „Alle Äpfel, die wir bisher beobachtet haben, fielen von oben nach unten, niemals haben wir einen Apfel beobachtet, der von unten nach oben fiel." Mit solchen empirischen Aussagen hatte Prof. Werner Martienssen (1926–2010) seine Studenten an der Frankfurter Johann Wolfgang Goethe-Universität in die Experimentelle Physik eingeführt. Und dann kam aber immer auch ein Nachsatz, der leider nur von den wenigsten Studenten in seiner Tragweite erfasst und verinnerlicht wurde: „Das heißt nicht, dass nicht morgen jemand einen Apfel beobachten könnte, der von unten nach oben fällt." Was auf den ersten Blick nach einer komödiantischen Einlage aussieht, greift tief in das Verständnis der Naturwissenschaften ein. Empirische Beobachtungen können zwar ein Indiz für die Gültigkeit einer Hypothese sein, niemals jedoch können sie als Beweis gelten. Oder schärfer formuliert: empirisch gefundene Naturgesetze sind nicht beweisbar.

Indem die Deduktion als Ausgangspunkt die Erfahrung setzt, werden ihre Ergebnisse fehlbar in dem Maße, wie die empirische Beobachtung fehlbar und unvollständig ist.

Induktion

Schon Aristoteles war klar, dass nur mit der Deduktion keine neuen Erkenntnisse erzielt werden können, sie bringt ja immer nur Aussagen für einen Spezialfall, der Teil einer allgemeinen Aussage ist. Ein Satz wie „Alle Äpfel fallen von oben nach unten" lässt sich logisch nur aus einer allgemeineren Aussage wie „Alle schweren Gegenstände fallen von oben nach unten" schließen. Dennoch machen wir solche Verallgemeinerungen. In der Wissenschaft wird die Deduktion daher durch das Verfahren der Induktion ergänzt, dem Schließen von einzelnen Spezialfällen auf die Allgemeinheit.

Einer Induktion geht immer das Erkennen eines Musters voraus. In unserem Apfelbeispiel wäre das die Beobachtung fallender Äpfel im Herbst. Nachdem ich vier bestimmte Äpfel beim Fallen beobachtet habe, schließe ich, dass sich dieses Verhalten wahrscheinlich bei jedem Apfel zeigen wird. Dies ist der Schritt der Induktion. Nützlich wird das durch eine nachfolgende Deduktion, also einer Anwendung der gefundenen Regel ergänzt: Für den schönen roten Apfel an Nachbars Baum, der über den Zaun hängt, kann ich hoffen, dass er auf mein Grundstück fällt.

Die Induktion ist der Kern des Auffindens von Naturgesetzen und damit unverzichtbarer Bestandteil der modernen Wissenschaften. Sie stützt sich dabei nur zum Teil auf Fakten. Wichtiger als die empirische Datengrundlage ist die kühne Vermutung, dass sich ein an Beispielen gefundenes Muster auf die Gesamtheit der Objekte übertragen lässt. Die Induktion beinhaltet damit immer die Gefahr eines Fehlschlusses. Man denke sich einen Wissenschaftler, der mit einer Unmenge von Materialien experimentiert und jedes Mal feststellt, dass sich der jeweilige Stoff bei Erwärmung ausdehnt. Als induktiven Schluss formuliert er: „Alle Materialien dehnen sich bei Erwärmung aus."

Leider hat er Wasser nicht untersucht. Wasser zeigt zwischen 0°C und 4°C ein von dieser Regel abweichendes Verhalten. Das Volumen nimmt bei Erwärmung ab.

Trotz dieser Schwierigkeiten bei Induktion und Deduktion macht die Kombination aus beiden das Wesen unserer modernen Wissenschaften aus. Aus der Beobachtung von Einzelfällen wird auf die Gesamtheit der Fälle geschlossen und eine Gesetzmäßigkeit formuliert. Über einen logischen Schluss folgt dann die Projektion auf einen interessierenden Einzelfall. Das Gesetz „Alle Äpfel fallen von oben nach unten" ist dabei die erste Prämisse, der Satz über ein spezielles Objekt, etwa „das rote Ding an Nachbars Baum ist ein Apfel", ist die zweite Prämisse.

Die Scholastik und das Vertrauen in die Deduktion

In der Zeit der Scholastik, der wissenschaftlichen Methode des Mittelalters, stand die Induktion in der Kritik. Gesichertes Wissen, so wusste man, ist mit ihr nicht zu bekommen. Vom 9. bis zum 15. Jahrhundert verließ man sich daher ausschließlich auf die Deduktion. Empirische gewonnene Daten waren als Ausgangspunkt nicht erlaubt, war man sich doch bewusst, dass Beobachtungen stets falsch oder trügerisch sein können. Wirklich unumstößliche Fakten, auf die man sich verlassen konnte, waren die Vorstellung, dass die Natur nichts vergeblich mache, dass der Mensch das vornehmste aller Lebewesen sei, und dass die Natur sich um das Höherwertige mehr kümmere als um das Niederwertige.

Einen besonderen Aufschwung nahm die Scholastik, als im 13. Jahrhundert die Schriften des Aristoteles wieder nach Europa fanden. Sein Wissen galt als nicht mehr überbietbare Summe aller weltlichen Weisheit. Seine Aussagen konnten daher trefflich als Ausgangspunkt einer Deduktion gewählt werden.

Auch wenn man die Scholastiker für ihr grenzenloses Vertrauen in die Deduktion belächeln mag, so darf man nicht vergessen, dass sie zur Entwicklung unseres heutigen wissenschaftlichen Systems wesentlich beigetragen haben: Wissenschaftliche Tagungen zu ausgewählten Themen, Proceedings, Monographien und Buchbesprechungen sind Erfindungen der Scholastik.

Am Ende des 15. Jahrhunderts war die Scholastik in die Krise geraten. Da mit der Deduktion keine neuen Erkenntnisse über die Welt zu erhalten waren, erstarrte die Wissenschaft immer mehr und man stritt sich über die allgemeinen Grundlagen. Martin Luther bemerkt dazu: „Denn die Scholastica Theologica nichts ist, denn eitel erdicht, erlogen, verflucht, teuflisch Geschwätze und Münch trewm.“ (Luther 287)

Mit Empirie und Induktion in die Neuzeit

Erst mit der Akzeptanz der Empirie als Erkenntnisquelle und dem Zulassen der Induktion eröffneten Männer wie Francis Bacon, Galileo Galilei und René Descartes am Übergang vom 16. zum 17. Jahrhundert eine neue Welt. Wissenschaft hatte nun auch ein neues Ziel: Die Beherrschung der Natur, die aktive Einflussnahme durch Anwendung von gefundenen Gesetzmäßigkeiten.

Von nun an stand also die Beobachtung im Mittelpunkt, Dinge, die wir direkt wahrnehmen können und den Sinnen direkt zugänglich sind. So meinte man und so wird es heute vielen Schülern beigebracht. Sinne sind jedoch trügerisch, die Skepsis der Scholastiker war durchaus angebracht. Zudem sind Beobachtungen in der Natur selten eindeutig. Meist spielen mehrere Faktoren ineinander.

Wenn Isaac Newton 1686 in seiner *Principia* behauptet, dass die Beschleunigung eines Gegenstandes unabhängig von seiner Masse sei, so kann er das nicht aus der Beobachtung fallender Äpfel geschlossen haben. Es ist offenbar, dass eine Feder langsamer fällt als ein Stein oder ein Apfel. Mehr noch: Fällt mir eine Eisenkugel auf den Fuß, schmerzt das mehr als eine Kugel Himbeereis – weil die Eisenkugel schneller fällt. Über diese Argumentation lacht heute jeder Schüler, aber nur, weil wir ihm beigebracht haben, in Newtons Begriffen zu denken.

Manchmal widerspricht die Beobachtung sogar einer fortschrittlichen Theorie und wird zum Gegenargument: Der Einwand von Galileis Widersachern gegen die Idee, die Erde drehe sich um sich selbst, war empirisch: Man nehme einen Ball und werfe ihn senkrecht nach oben. Wenn sich die Erde weiterdrehe, müsse der Ball neben dem Werfer aufkommen. Wenn der Ball hingegen auf dem Kopf landet, dreht sich die Erde nicht. Das war ein für jeden nachvollziehbarer Beweis gegen die Erddrehung. Galilei konnte nur argumentativ darlegen, dass der Ball an der Erddrehung teilnehmen würde. Fakten hatte er nicht zu bieten.

Die beiden Beispiele machen deutlich, dass nunmehr ein neues Element in die wissenschaftliche Methodik Einzug halten musste: das Experiment. Statt der unvoreingenommenen Naturbeobachtung wird die Faktengewinnung nun mit einer Menge von riskanten Einschränkungen belastet.

Zuerst bedarf es eines Anfangsverdachtes. Der entsteht meist nicht aus der Naturbeobachtung, sondern ist eine Vorhersage aus einer mehr oder weniger weit entwickelten Theorie. Die Theorie wird weiter beeinflussen, welcher Teilaspekt der Natur zur Beobachtung ausgewählt wird und was als irrelevant erachtet wird. Auch die Wahl der Apparatur wird von den Vorstellungen der Theorie geprägt. Schließlich werden *ideale Bedingungen* zur Beobachtung hergestellt und das Geschehen dabei von der realen Welt weitestgehend abstrahiert. Streng genommen sind die gewonnenen Ergebnisse nicht auf die reale Welt übertragbar. Dass sie dort Gültigkeit besäßen, ist nur eine Vermutung, die aber durch den tatsächlichen Erfolg der Wissenschaften durchaus zu rechtfertigen ist. Die Messdaten können nun für einen Induktionsschritt herhalten und die Aufstellung einer Gesetzmäßigkeit begründen. Beachtenswert an diesem Schritt ist, dass – obwohl Messdaten immer eine Schwankungsbreite aufweisen – die Gesetze exakt formuliert werden. Auch dies ist nur über den Erfolg in der Anwendung begründbar. Die Natur gibt weder ganzzahlige Proportionalitätsfaktoren zwingend vor, noch liefert sie einen Grund für irgendeinen der gefundenen Zusammenhänge.

Die wissenschaftliche Methode, auf die wir uns heute stützen, steckt also voller Elemente, die Ansatzpunkte für Kritik bereitstellen. Viele davon sind den Wissenschaftlern gar nicht bewusst. Und so ist man sich in der Wissenschaftlergemeinde nicht mal einig darüber, ob die Welt, die wir wissenschaftlich beobachten und beschreiben, überhaupt mit der tatsächlichen, realen Welt übereinstimmt. Dieser Streit zwischen Realisten und Anti-Realisten soll jedoch nicht Gegenstand dieser Betrachtung sein.

Wir lenken den Blick auf das Verhältnis von einem außenstehenden Querdenker zur Gruppe der Wissenschaftler, die eine Mehrheitsmeinung vertreten. Allein mit einer guten Idee oder Hypothese wird der Außenseiter kein Gehör innerhalb der Gruppe finden. Die Gruppe definiert für sich die Speerspitze der Forschung. Jemand, der an dieser Spitzenforschung nicht Teil hat, kann doch unmöglich einen substantiellen Beitrag zu derselben leisten! Das wäre so, als käme ein Autofahrer ins Cockpit eines Airbus A380 und gäbe den Piloten Tipps zum Treibstoffsparen. Er würde höflich des Cockpits verwiesen werden, noch bevor er einen Satz zu Ende gesprochen hätte.

Kommen die beiden am Abend in der Hotelbar dennoch zusammen, würde der Pilot sicher sagen: „Sieh, wir wissen, wie ein Flugzeug fliegt und kommen bestens damit zurecht. Und jetzt lass uns über Fußball reden."

Solche Allgemeinplätze können den Querdenker natürlich nicht überzeugen. Und deshalb wird er an genau dieser Stelle nach Schwachpunkten suchen. Wenn er den Piloten nachweist, dass sie eben nicht alles verstanden haben oder ihnen konkrete Probleme in ihren Flugtheorien präsentiert, dann glaubt er, sie für seine Ansätze aufschließen zu können.

Wissenschaftstheorie

Falsifikationismus

Eine entscheidende Kategorie für Probleme von Theorien hat Sir Karl Raimund Popper (1902–1994) aufgedeckt, der für sein Werk 1965 von der britischen Königin zum Ritter geschlagen wurde. Ihm war aufgefallen, dass es Theorien gab, die jeden denkbaren Ausgang eines Experimentes erklären konnten. Das passte nicht zum Verständnis von Deduktion und Induktion. Wenn die Deduktion niemals zu universellen Gesetzen führen kann, muss die fragliche Gesetzmäßigkeit durch einen Induktionsschritt gefunden worden sein. Also durch Sammlung von vergleichbaren Fakten (Mustererkennung) und anschließender Übertragung auf die Gesamtheit aller möglichen Fälle. Popper erkennt hier die Notwendigkeit, bei über die Induktion gefundenen Gesetzen immer von „wahrscheinlich wahr" zu sprechen und die Möglichkeit des Fehlschrittes anzunehmen. Damit wird der Wahrheitsanspruch stark eingeschränkt. Wissenschaftliche Aussagen müssen als nur noch wahrscheinlich wahr angesehen werden. In seinen Augen ist das Ziel einer Theorie damit nicht mehr, die Welt zu beschreiben, wie sie tatsächlich ist, sondern für das Lösen von Problemen besonders nützlich und erfolgreich zu sein. Theorien sind also als mehr oder weniger erfolgreiche Modelle der Welt zu betrachten, nicht als eine Beschreibung der Welt selbst. Für einen Sachverhalt sind damit beliebig viele Modelle zur Beschreibung denkbar, keine der möglichen Theorien erhebt den Anspruch auf absolute Wahrheit.

Die Entscheidung für die eine oder die andere Theorie wird anhand ihrer Voraussagemöglichkeiten beurteilt. Je mehr die Theorie über das Verhalten der Materie aussagt, desto besser ist sie. Doch wie soll man das vergleichen? Interessanterweise gelingt dies am besten über Aussagen, wie sich die Materie nicht verhalten wird, wenn also mögliche Verhaltensweisen ausgeschlossen werden. Betrachten wir als Beispiel die Geschichte der Astronomie. Seit der Antike ging man davon aus, dass sich alle Himmelskörper auf Kugelschalen um die Erde bewegen müssten. Nikolaus Kopernikus (1473–1543) setzt stattdessen die Sonne in den Mittelpunkt der Bewegung. An der Idee der Kreisbahn hält er dabei fest, andere Bahnen werden ausgeschlossen. Wenn also eine Planetenbahn vermessen wird, die nicht kreisförmig ist, dann bricht die Theorie zusammen. Und tatsächlich werden die Kreisbahnen widerlegt. Kopernikus‘ Theorie ist falsifiziert worden, wie Popper es formuliert.

Wie nun weiter? Nach Popper müssen neue Hypothesen vorgeschlagen werden, deren Ziel es wieder ist, die Beobachtungen erfolgreicher abzubilden als die falsifizierte Theorie. Auch hier geht es nicht um das Finden der Wahrheit. Johannes Kepler (1571–1630) schaut sich die Daten an, die sein Lehrmeister Tycho Brahe (1546–1601) mit zuvor ungekannter Genauigkeit gesammelt hat, und schlägt Ellipsenbahnen für die Planeten vor. Damit lässt sich der Lauf der Planeten deutlich besser vorhersagen. Und die Theorie gibt gleich noch den Hinweis zu ihrer eigenen Überprüfung: Sie schließt andere Bahnformen aus und macht sogar Vorschriften für die Umlaufzeiten. Wenn ein Planet mit einer anderen Bahn entdeckt werden sollte, so hat die Theorie ausgedient und muss ersetzt werden.

Das erledigt Sir Isaac Newton (1643–1727), der die Planetenbahnen aufgrund der gegenseitigen Anziehungskraft, der Gravitation, beschreibt. Gäbe es nur einen Planeten, der sich um die Sonne drehte, hätte man mit Keplers Ellipsen gut rechnen können. Die Planeten stören aber gegenseitig ihre Bahnen, weshalb eine genaue Bahnvermessung Abweichungen von den vorhergesagten Ellipsen zeigt. Aber nicht nur durch die verbesserte Bahnberechnung ist Newtons Theorie so erfolgreich. Sie erweitert die Vorhersagemöglichkeiten enorm. Sie ist nicht nur auf Planeten beschränkt, sondern greift für alle Objekte im Universum. Sie ist so vielfältig falsifizierbar, wie keine zuvor. Jedes Objekt, ob Planet oder Kaffeetasse, folgt diesen Gesetzen. Jedes von den Gesetzen abweichende Verhalten wird ausgeschlossen. Newtons Theorie ist durch Beobachtung einer Planetenbahn ebenso falsifizierbar wie durch eine herunterfallende Kaffeetasse.

In Poppers Sicht macht diese vielfältige Falsifizierbarkeit die Qualität einer Theorie aus. Je mehr Verhaltensweisen sie ausschließt, desto mehr kann sie uns über die Natur verraten. Theorien, die hingegen gar nichts ausschließen, sind zu verwerfen. Insbesondere solche Theorien, deren Anwendung sich darauf beschränken, vergangene Ereignisse zu erklären, ohne in der Lage zu sein, eindeutige Vorhersagen für die Zukunft zu machen. In der Kritik stehen bei ihm vor allem der Historische Materialismus nach Marx und die Individualpsychologie nach Adler. Beide würden für jedes beliebige Verhalten eine Erklärung finden, nichts ist ausgeschlossen.

Paradigmen und Paradigmenwechsel

Die Betrachtung der Geschichte zeigt jedoch, dass eine Falsifizierung keinesfalls umgehend zur Aufgabe einer Theorie und Ersetzung durch eine neue führt. Schließlich haben wir ja schon gesehen, dass im Induktionsschritt nicht damit zu rechnen ist, auch nur ein Messergebnis zu erhalten, dass exakt mit der Formulierung des späteren Gesetzes übereinstimmt. Wie groß muss also die Abweichung sein, um als Widerlegung, als Falsifikation für die Theorie zu gelten? Kann man bei Kopernikus, Kepler und Newton wirklich von Falsifikation sprechen? Erst nach 200 Jahren kann sich das Kopernikanische Weltbild, nach der die Sonne im Zentrum steht, gegenüber dem geozentrischen Weltbild durchsetzen.

Eine (bisher erfolgreiche) Theorie lässt sich also offenbar nicht durch eine einzige Falsifikation zu Fall bringen. Vielmehr müssen bei der Beurteilung von Theorien auch wissenschaftssoziologische und gesellschaftliche Rahmenbedingungen betrachtet werden. Eine Theorie steht nicht neutral im Raum und wartet auf ihre Falsifizierung, sondern wird von ihren Anhängern, der wissenschaftlichen Gemeinschaft, der *Scientific Community*, getragen und verteidigt. Dieser soziologische Kontext ist eng mit der wissenschaftlichen Theorie verknüpft; Wissenschaftler, Gesellschaft und Theorien bilden eine eng verwobene Struktur. Thomas S. Kuhn (1922–1996) hat dafür den Begriff des Paradigmas geprägt. Das Wort ist aus der Sprachwissenschaft entlehnt und bezeichnet eine konkrete Problemlösung, die von der Fachwelt akzeptiert wird. Aus seiner Sicht greift die bloße Betrachtung des Zusammenhangs von Beobachtungsaussagen und Theorien zu kurz. Ohne Berücksichtigung von kulturellen und soziologischen Faktoren sei wissenschaftlicher Fortschritt nicht zu verstehen.

Er entfernt sich noch weiter von der Vorstellung, eine Theorie baute auf unvoreingenommener Naturbeobachtung auf. Stattdessen würden in die Bildung einer Theorie metaphysische Prinzipien eingehen, die nicht durch Messdaten nahegelegt würden, sondern durch kulturelle Vorstellungen. Verwendete Begriffe gewännen ihre Bedeutung häufig aus der Theorie und auch die Auswahl an durchzuführenden Experimenten erfolge selektiv. Anders als Popper, der eine zentrale Aufgabe in dem Versuch der Falsifizierung einer Theorie sah, sagt Kuhn, dass Wissenschaftler sich vor allem der Anwendung ihres Paradigmas auf alle möglichen Elemente oder Teilbereiche widmen oder zentrale Konstanten der Theorie mit immer größerer Genauigkeit vermessen. Das Paradigma wird unkritisch angenommen. Aufkommende Probleme werden innerhalb des Paradigmas zu lösen gesucht. Diesen Zustand nennt Kuhn die Normalwissenschaft. Regeln, Vorschriften, Annahmen und Methoden werden angehenden Wissenschaftlern durch Übungen und Standardexperimente vermittelt. Eine kritische Auseinandersetzung mit den Grundlagen und Prinzipien ist nicht vorgesehen und in der Regel auch nicht möglich. Die Struktur, das Paradigma ist nicht niedergeschrieben, nicht ausformuliert.

Erst wenn Abweichungen von Beobachtung zur Theorie immer deutlicher zu Tage treten und sich trotz aller Anstrengung nicht innerhalb des Paradigmas lösen lassen, werden eine Beschreibung und ein Hinterfragen der Grundfesten erforderlich. Doch bis dahin ist es oft ein langer Weg. Zunächst wird man bei einem unerwarteten Messwert von einer fehlerhaften Messung, einer fehlerhaften Apparatur oder der Verbindung mit einem unerwünschten und unbekannten Nebeneffekt ausgehen.

Lässt sich die Abweichung trotz aller Versuche nicht erklären, wird man dennoch nicht von einer Falsifizierung sprechen, sondern die Abweichung als Anomalie akzeptieren. Solche Anomalien sind für die meisten Wissenschaftler Ansporn, sich besonders beharrlich der Lösung des Problems zu widmen. Rund um die Anomalie werden nun Daten zusammengetragen, eigene wissenschaftliche Tagungen zur Problematik durchgeführt. Die Akzeptanz für das Einordnen als unbedeutende Anomalie kann jedoch verloren gehen, wenn sich trotz aller Versuche keine Erklärung innerhalb des Paradigmas finden lässt. Die Normalwissenschaft gerät nun in die Krise.

In der Krise werden die Lösungsvorschläge radikaler. Es werden Hypothesen vorgeschlagen, die Kernthesen des Paradigmas verletzen. Jetzt muss das Paradigma sich erklären, die Grundpfeiler werden hinterfragt. Das Vertrauen in das alte Paradigma geht verloren. Und dann passiert etwas Revolutionäres. Praktisch über Nacht hat ein in die Krise verstrickter Wissenschaftler eine neue Idee. Die Regeln des alten Paradigmas lässt er hinter sich und baut ein neues auf, das sich vollständig vom alten unterscheidet. Es ist unvereinbar mit dem alten, so wie das heliozentrische Weltbild mit dem geozentrischen unvereinbar ist. Eine Synthese beider Weltbilder oder ein stetiger Übergang von einem zum anderen ist nicht denkbar. Und auch die Fragen, die innerhalb der Paradigmen gestellt und beantwortet werden können, sind oft nicht vereinbar. So konnte Galileo Galilei seine Widersacher bei der Beschreibung von Mond und Venus nicht auf die Ergebnisse der Betrachtung durch das Teleskop verweisen. Aus ihrer durch Aristoteles geprägten Sicht galten auf der Erde andere physikalische Gesetze als in den himmlischen Sphären. Teleskopbeobachtungen der Venus hatten daher keinerlei Beweiskraft.

Die Unvereinbarkeit drückt sich meist auch in der Wahl neuer Begriffe aus. Schließlich ist die Bedeutung der Begriffe durch die jeweilige Theorie, das jeweilige Paradigma geprägt. Wenn die Anhänger rivalisierender Paradigmen die gleichen Worte, aber mit verschiedener Bedeutung verwenden, sind Missverständnisse nicht zu vermeiden. Solche Missverständnisse sind auch bei Disputen zwischen verschiedenen Disziplinen an der Tagesordnung. Ein jeder der Kontrahenten wurde innerhalb seines Paradigmas mit einer anderen Begriffsbedeutung vertraut gemacht. Treffen sie aufeinander und bemerken die unterschiedliche Verwendung, räumen sie das Missverständnis nicht einfach aus, sondern werfen dem jeweils anderen eine fehlerhafte Verwendung vor. Das liegt aber nicht an bloßer Ignoranz, sondern an dem Problem einer einfachen Begriffsdefinition. Der Begriff erhält durch die Verwendung im Paradigma seine Bedeutung.

Wie geht es nun weiter? Der Wissenschaftler wird seine Argumente darlegen, Anhänger des alten Paradigmas werden ihn der Unwissenschaftlichkeit zeihen. Aber seine Argumente überzeugen den einen oder anderen, der ebenfalls das Vertrauen in das alte Paradigma verloren hat. Ein solcher Wechsel zum neuen Paradigma gleicht einer religiösen Konversion: Alte Glaubenssätze werden aufgegeben, neue angenommen. Dabei gibt es kein objektives Kriterium für die Überlegenheit des einen Paradigmas. Jeder Wissenschaftler wird einzelnen Faktoren individuell mehr oder weniger Bedeutung beimessen. Logische Argumente für die Überlegenheit sind nicht anzugeben. Wenn immer mehr Wissenschaftler ihre alten fachwissenschaftlichen Bindungen aufgeben und die Mehrheit der *Scientific Community* das alte Paradigma preisgegeben hat, dann ist der Paradigmenwechsel vollzogen.

Kuhn betont dabei besonders den revolutionären Charakter, der den Übergang von der Normalwissenschaft über die Krise zur neuen Normalwissenschaft ausmacht.

So, wie auch eine gesellschaftliche oder politische Revolution nicht Alle von den mitgebrachten Neuerungen überzeugen kann, so bleiben auch bei einem Paradigmenwechsel immer Wissenschaftler übrig, die sich von den alten Strukturen nicht lösen wollen oder können. Sie werden nicht mehr zu wissenschaftlichen Tagungen eingeladen und können nicht mehr in angesehenen Zeitschriften publizieren. Sie werden von der *Scientific Community* schlicht ausgeschlossen.

Forschungsprogramme

Ein Problem bei dieser Betrachtung ist die Gleichrangigkeit entgegenstehender Paradigmen. Über die Überlegenheit eines Paradigmas entscheidet die Wissenschaftlergemeinde willkürlich. Imre Lakatos (1922–1974) versucht in einer Synthese von Kuhnschen Paradigmen und Popperschem Falsifikationismus ein rationaleres Maß für einen Wechsel zu finden.

Er greift auf die Idee der Falsifikation zurück, bemerkt aber, dass eine Theorie oft viele einzelne Teilaspekte umfasst, die im Gesamtkonstrukt ein unterschiedliches Gewicht haben. Eine Falsifikation, die nur einen einzelnen peripheren Aspekt betrifft, führt nicht zur Aufgabe der ganzen Theorie. Bedrohlicher wird es jedoch, wenn die Falsifikation die Grundannahmen berührt. Für diese Struktur aus hartem Kern und Zusatzannahmen, wie etwa bestimmten Beobachtungsaussagen, experimentellen Ergebnissen, Hilfshypothesen und Annahmen führt er den Begriff des Forschungsprogramms ein. Die Zusatzannahmen untermauern den Kern und machen definitive Aussagen überhaupt erst möglich. Sie bilden eine Art Schutzgürtel um den harten Kern. Das Forschungsprogramm gibt vor, dass Probleme innerhalb des Schutzgürtels zu lösen sind. Unstimmigkeiten sind durch Anpassung des Schutzgürtels auszuräumen. Lakatos schafft damit ein robustes Konstrukt, dass Falsifikationen prinzipiell zulässt, ein dauerndes Verwerfen und neu Entwickeln aber verhindert. Und auch ein anderes Problem löst er. Wenn es wirklich keine Vorhersagemöglichkeit geben sollte, für welches Paradigma – oder Forschungsprogramm – sich die *Scientific Community* entscheiden wird, dann ist diese Wissenschaftstheorie nach Popper abzulehnen und in einer Kategorie mit Marx und Adler zu sehen. Lakatos bewertet ein Forschungsprogramm daher nach seiner Fähigkeit, erfolgreich neue Phänomene vorherzusagen. Gelingt es einem Forschungsprogramm nicht mehr, neue substanzielle Beiträge für die Wissenschaft zu liefern, dann degeneriert es, muss aber nicht zwangsläufig aufgegeben werden. Ein anderes, progressiveres kann an seine Stelle treten. Das Forschungsprogramm gibt implizit die Richtung für die Tätigkeit der Wissenschaftler vor: Mit großem Interesse und Engagement werden sie den vorhergesagten Phänomenen nachspüren und versuchen, als jeweils erste Belege für die neuen Phänomene zu liefern. Neue Ansätze haben also dann eine Chance, wenn sich im Forschungsprogramm neue Aufgaben und Ziele ergeben. Lediglich Erklärungen für bekannte Fakten zu finden, reicht nicht aus, um die Wissenschaftlergemeinde für sich zu gewinnen.

Das Gebiet der Wissenschaftstheorie ist damit natürlich nicht abschließend behandelt, aber die Darstellung eröffnet einen Blick auf die Probleme, denen sich Querdenker stellen müssen, wenn sie mit neuen Ideen Erfolg haben wollen.

Versuchen wir zum Abschluss noch die Wissenschaftstheorien wissenschaftstheoretisch zu hinterfragen. Wenn es gute Theorien sind, dann sind sie falsifizierbar, bieten ein Programm für die weitere Arbeit und sind in der Lage, Vorhersagen zu machen.

Welcher Art sollten solche Vorhersagen sein? Das ist leicht zu beantworten, widmen sich doch alle drei vorgestellten Ansätze der Frage nach dem Ablösen einer Theorie durch eine andere. Bei einem Vergleich von zwei rivalisierenden Theorien/Paradigmen/Forschungsprogrammen sollte eine Aussage getroffen werden, welche(s) sich wann durchsetzen wird.

Anarchistische Wissenschaftstheorie

Hierfür mangelt es bei allen drei Autoren an klaren Kriterien für einen Wechsel, kritisiert Paul Feyerabend (1924–1994). In seinem 1975 erschienenen Buch *Against Method: Outline of an Anarchistic Theory of Knowledge* nimmt er sich die historischen Beispiele von wissenschaftlichen Wechseln vor, die auch Popper, Kuhn und Lakatos zur Begründung ihrer Darstellung gewählt hatten. Er zeigt, dass die Änderungen gerade nicht mit den Wissenschaftstheorien übereinstimmen und sich insgesamt nur schwerlich ein Muster erkennen lässt. Das Finden eines solchen Musters wäre aber Voraussetzung für eine (wahrscheinlich) gültige Induktion, die zur Stützung der jeweiligen Wissenschaftstheorie herhalten kann. Den Grund sieht er in der Überschätzung der wissenschaftlichen Methode an sich. Ihr wird von der Gesellschaft wie von den Wissenschaftlern selbst ein hoher Status beigemessen, sie ist etwas Besonderes, ohne vergleichbare Alternative. Die Hochachtung vor dem Dogma der Wissenschaft, mit seinen repressiven Elementen, vergleicht er mit der Rolle der Kirche im 17. Jahrhundert.

Am Beispiel Galileo Galileis zeigt er, wie sehr Wissenschaft und wissenschaftlicher Fortschritt von der Persönlichkeit des Forschers geprägt wird. Bei der Verteidigung seines Fernrohres muss er den Beweis für die Gültigkeit seiner Daten für den extraterrestrischen Raum schuldig bleiben; schlimmer noch, sie widersprechen den Daten, die mit dem unverfälschten Auge gewonnen werden können.

> Galilei behält wegen seines Stils und seiner geschickten Überredungsmethoden die Oberhand, weil er auch in Italienisch und nicht nur in Lateinisch schreibt und weil er sich an Leute wendet, die gefühlsmäßig gegen die alten Ideen und die mit ihnen verbundenen Maßstäbe der Gelehrsamkeit eingenommen sind. (Feyerabend 184)

Nach Feyerabend ist das Fortschritt durch Propaganda. Sein Fazit kumuliert daher in dem bekannt gewordenen Satz „Anything goes“ und der Forderung, die „Gesellschaft aus dem Würgegriff einer ideologisch erstarrten Wissenschaft“ zu befreien. (Feyerabend 395)

Zusammenfassung

Insgesamt kann man festhalten, dass Wissenschaft durchaus Züge eines Dogmas trägt. Obwohl bei grundlegender Betrachtung der Wissenschaftsbausteine Induktion und Deduktion eigentlich klar sein sollte, dass keine Theorie abgeschlossen oder abschließend *wahr* sein kann, wird doch allzu oft eine Diskussion mit „das ist doch längst wissenschaftlich bewiesen“ beendet.

Hartnäckigkeit allein reicht aber nicht aus, wenn man mit einem abweichenden Gedanken in die *Scientific Community* vordringen will. Man muss die Wurzeln der Missverständnisse kennen und ein Stolpern darüber vermeiden. Begriffe müssen abgegrenzt werden, Lehrbuchdefinitionen reichen dazu oft nicht aus, Einigkeit über Begriffsinhalte besteht oft nur innerhalb einer eng umfassten Gruppe von Forschern.

Der Querdenker darf nicht auf offene Ohren hoffen. Probleme werden innerhalb eines Paradigmas gelöst. Von Außenstehenden wird nicht angenommen, dass sie überhaupt einschätzen könnten, wo die fachwissenschaftlichen Probleme liegen. Lösungen werden zudem nur Experten zugetraut, nicht einem Laien, der nicht einmal die Fachsprache beherrscht.

Und so drängend dem Laien ein spezifisches Problem auch erscheinen mag, für den Wissenschaftler ist es womöglich nur eine Anomalie, der man mit einer Anpassung im Schutzgürtel schon irgendwie beikommen wird. Vorsicht ist vor allem bei Forderungen geboten, die den Kern einer Theorie angreifen. Damit setzt man sich praktisch dem Vorwurf der Ketzerei aus! Dennoch lohnt sich der Einsatz. Absurde Theorien fordern die Normalwissenschaft heraus und treiben sie voran, indem sie sich umso intensiver um die problematischen Aspekte mühen wird. Zwar wird nicht jede krude Idee eine Revolution auslösen, aber in der Vielzahl vorgebrachter Hypothesen steckt die Chance auf einen echten Fortschritt. Es ist daher durchaus passend, dass der Duden den „Querdenker“ als „Schrittmacher“ sieht. (Müller „Querdenker“)

Literaturangaben

Chalmers, Alan F. *Wege der Wissenschaft. Einführung in die Wissenschaftstheorie*. Berlin u.a.: Springer 2007.

Feyerabend, Paul. *Wider den Methodenzwang*. Frankfurt am Main: Suhrkamp, 11. Auflage, 2009.

Höffe, Ottfried (Hrsg.) *Klassiker der Philosophie*. Erster Band, München: Verlag C. H. Beck 1985.

Kuhn, Thomas S. *Die Struktur wissenschaftlicher Revolutionen*. Frankfurt am Main: Suhrkamp 2008.

Luther, Martin. *Der Ander Teil aller Bücher und Schrifften des thewren / seligen Mans Doct. Mart. Lutheri. Gedruckt in Jhena durch Christian Rödinger*, 1555. Seite 287. Web.
<http://books.google.de/books?id=5No5AAAAcAAJ>.

Müller, Wolfgang (Hrsg.) „Querdenker" in *Duden, Sinn- und sachverwandte Wörter. Synonymwörterbuch der deutschen Sprache*. Mannheim u. a.: Dudenverlag 1997.

Popper, Karl R. *Logik der Forschung*. Tübingen: Mohr, 10. Auflage, 1994.

Wahrig-Burfeind, Renate (Hrsg.): „Querdenker" in *Wahrig Deutsches Wörterbuch*. Gütersloh/München: Bertelsmann 2010.

GOTTFRIED GEILER

Wissenschaftliches Fehlverhalten – Ursachen und Konsequenzen

Die Freiheit der Wissenschaft in Forschung und Lehre ist in Deutschland im Artikel 5 des Grundgesetzes garantiert. In einer Gemeinschaftsveranstaltung zwischen DFG und dem ZDF im September 2009 in Berlin haben hochkarätige Wissenschaftler aus verschiedenen Bereichen der Wissenschaft darüber diskutiert, welche Chancen das Grundrecht der Wissenschaftsfreiheit eröffnet hat, aber auch welche Grenzen es der Wissenschaft setzt (DFG 2009).

Freiheit der Wissenschaft gehört untrennbar zusammen mit *Verantwortung*. Dies gilt für den Wissenschaftler, in gleicher Weise aber für die Institution, in der Wissenschaft betrieben wird. Jeder Wissenschaftler trägt persönliche Verantwortung dafür, dass die Grundnormen wissenschaftlicher Arbeit bei seinem Handeln gewahrt werden. Das wirft die Frage auf, was wir unter Wissenschaft verstehen und welche *ethischen Normen* gültig sind.

In erster Linie ist die Forschung angesprochen wie sie an Universitäten, Fachhochschulen und außeruniversitären Forschungseinrichtungen wie z.B. der Max-Planck-Gesellschaft, der Fraunhofergesellschaft und im Bereich der Technik von Wissenschaftlern betrieben wird. Die Zielgruppe bedarf aber der Einbeziehung aller im wissenschaftlichen Alltagsbetrieb Tätigen, etwa die technischen Mitarbeiter und die Bibliothekare.

Die Lehre an Ausbildungsstätten aller Kategorien ist ein bedeutungsvoller Zweig der wissenschaftlichen Arbeit. Diese Weitfassung des Begriffs Wissenschaft hat Konsequenzen, weil die *Normen des Handelns* für alle hierbei Tätigen in gleicher Weise verbindlich sind.

An erster Stelle steht die Ehrlichkeit gegenüber sich selbst und gegenüber anderen. Sie ist Norm und Grundlage guter wissenschaftlicher Praxis. Sie den Mitarbeitern, dem wissenschaftlichen Nachwuchs, den Studenten und im Prinzip auch schon den Schülern zu vermitteln, ist eine verpflichtende Aufgabe aller in Lehre und Forschung Tätigen. Ohne Zweifel sind die Hochschullehrer, die Professoren und Dozenten, dabei besonders gefordert, weil ihr Gegenüber, die Studierenden, in einer Entwicklungsphase sind, in der Verstand und Empfindung die grundsätzlichen Verhaltensregeln guter wissenschaftlicher Praxis — *das redliche Arbeiten* — als notwendige Norm erfahrbar machen.

Der Gegensatz guter wissenschaftlicher Praxis ist die Unredlichkeit, das wissenschaftliche Fehlverhalten (scientific misconduct). Dass in der wissenschaftlichen Arbeit schwerwiegende Fälle von Unredlichkeit vorkommen, ist selten. Sie müssen abgegrenzt werden vom Begriff des versehentlichen Irrtums, dem jeder Wissenschaftler unterworfen sein kann. Der Irrtum ist keine Kategorie des wissenschaftlichen Fehlverhaltens, er ist bisweilen sogar nützlicher Impuls zur Klärung des wirklichen Sachverhalts, weil er alle intellektuellen Fähigkeiten mobilisiert, den Irrtum zu korrigieren und die Wahrheit zu finden. Auch Forschungsansätze, die sich als irrig erweisen, sind vom Grundrecht der Forschungsfreiheit geschützt. Für die Einschätzung von wissenschaftlichem Fehlverhalten ist in Deutschland seit 1997 eine ausgeprägte Sensibilisierung erwachsen. Dies hat seinen Grund.

Ein im Inland wie im Ausland hoch angesehener deutscher Krebsforscher und seine engste Mitarbeiterin wurden einer schwerwiegenden Fälschung von Ergebnissen überführt. Die Öffentlichkeit war schockiert. Der Fall führte zu einer breiten Diskussion in Politik, Administration und Öffentlichkeit darüber, ob Vergleichbares häufiger vorkommt und ob die Wissenschaft in ihren Institutionen über hinreichende Kontrollmechanismen zur Qualitätssicherung verfügt, die derartige Vorkommnisse ausschließen. Wie war es möglich, dass über lange Zeit die Fälschung nicht aufgefallen war? In dem speziellen Fall waren die wissenschaftlichen Arbeiten in internationalen Zeitschriften mit einem Gutachtersystem erschienen. Auch die Anträge auf Fördermittel bei der DFG und bei anderen Förderorganisationen wurden der Überprüfung im etablierten Gutachtersystem unterzogen. Das schwerwiegende Fehlverhalten, die betrügerische Ergebnismanipulation, wurde bei den formal etablierten Begutachtungen der Publikationen nicht entdeckt. Weitere Fragen schlossen sich an, insbesondere die Frage, ob die Selbstorganisation der Wissenschaft ausreicht oder ob andere staatliche Institutionen wirksam werden müssten, um solche Fälle zu vermeiden, bei denen hohe Fördersummen aus dem Topf der DFG, wohlgemerkt Steuermittel, verbraucht würden und sich fatale Konsequenzen entwickeln können.

In der Konsequenz des beschriebenen Falles hat die DFG eine international besetzte Kommission aus 12 Vertretern verschiedener Fachbereiche gebildet, die drei Aufgaben erhielt:

1. Ursachen der Unredlichkeit im Wissenschaftssystem nachzugehen
2. präventive Gegenmaßnahmen zu diskutieren
3. die existierenden Mechanismen wissenschaftlicher Selbstkontrolle zu überprüfen und Empfehlungen zu ihrer Sicherung zu geben.

4. Ende 1997 hat die Kommission das Ergebnis in der Schrift "Sicherung guter wissenschaftlicher Praxis" vorgelegt, das 1998 als Denkschrift mit 16 Empfehlungen erschienen ist (DFG 1998).

In der Konsequenz dieser Ereignisse hat die DFG 1998 ein sogenanntes *Ombudsman-Gremium* berufen, das allen Wissenschaftlern der Bundesrepublik Deutschland zur Beratung, Unterstützung und Vermittlung in Fragen guter wissenschaftlicher Praxis und ihrer Verletzung zur Verfügung stehen sollte. Das Gremium bestand aus drei Wissenschaftlern, einem Juristen, einem Physiker und einem Mediziner. Das ehrenamtlich arbeitende Gremium, dem ich von 1998-2006 angehört habe — 2005 wurde ein neues Gremium berufen — besaß bzw. besitzt völlige Unabhängigkeit gegenüber der DFG oder irgendeiner staatlichen Institution. Seine Wahl durch den Senat und die Auswahl erfahrener Wissenschaftler verleiht ihm institutionelle Autorität. Das Gremium ist eine Appelations-Instanz.

Absolute Vertraulichkeit ist ein Grundprinzip seiner Arbeit, damit der Informant und der Beschuldigte bei Anzeige eines Fehlverhaltens in gleicher Weise geschützt bleiben und die Persönlichkeit nicht verletzt wird.

Das Gebot der absoluten Vertraulichkeit soll dazu ermutigen, den Ombudsman der DFG in Anspruch zu nehmen. Dies ist offenkundig leichter als eine lokale institutseigene Vertrauensperson oder gar einen Untersuchungsausschuss anzurufen. Hierbei spielt eine Rolle, dass der DFG-Ombudsman aus der Sicht des Informanten eine größere Distanz zum lokalen Geschehen und den dabei mitwirkenden Personen hat. Gelegentlich wurde uns gegenüber geäußert, dass die örtlichen netzartigen Verbindungen in der Universität dafür gesorgt hätten, dass ein gemeldeter Fall von Fehlverhalten nicht konsequent weiter behandelt und ohne Reaktionen beendet wurde.

Andererseits haben wir aber auch erlebt, dass in einem Fall, bei dem im Verlauf des Verfahrens deutlich wurde, dass dies nicht zu einem vom Informanten gewünschten Ergebnis führte, die Bitte geäußert wurde, das Verfahren an das örtliche Gremium der Universität zu verweisen. Unser aus drei Mitgliedern bestehendes Gremium ist stets als Kollegial-Gremium tätig geworden, nicht durch seine Einzelmitglieder. Dieses Vorgehen hat sich sehr bewährt. Die unterschiedlichen Fach-Perspektiven der drei Ombudsleute (ein Jurist, ein Physiker, ein Mediziner) erweitern das Spektrum in der Beurteilung eines Falles unter Berücksichtigung der Tatsache, dass fächerspezifische Variationen in der Handhabung wissenschaftlicher Arbeit existieren, was besonders bei Autorschaftsfragen deutlich wurde. Sowohl für die interne Diskussion im Gremium wie auch für die Gespräche mit den

Betroffenen hat sich die gemeinsame Beratung zwar als zeitaufwändig, aber als außerordentlich fruchtbar erwiesen (DFG 1999–2005). Aber nicht alle Fälle von wissenschaftlichem Fehlverhalten müssen vom Ombudsman der DFG behandelt werden. Im Zusammenhang mit der Etablierung des DFG-Ombuds-Gremiums wurden die Universitäten und außeruniversitären Institutionen aufgefordert, eigene lokale Ombuds-Gremien zu bilden, für deren Arbeit die DFG-Schrift "Sicherung guter wissenschaftlicher Praxis" Grundlage ist. Dies geschah zunächst zögerlich, ist aber inzwischen, seit dem 1.Juli 2002, verbindlich für die Zuweisung von DFG-Fördermitteln im Rahmen des Antragswesens. Die Universitäten und andere Forschungseinrichtungen haben jetzt durchgängig auf der Grundlage der DFG-Vorgaben Papiere zur Sicherung guter wissenschaftlicher Praxis erarbeitet, die unter Berücksichtigung der institutionellen Spezifität formuliert sind. Unsere Leipziger Universität hat eine entsprechende Satzung erarbeitet, die am 27. Mai 2002 in Kraft gesetzt wurde (Universität Leipzig 2002). Gleichzeitig wurde auf Beschluss des akademischen Senats ein Ombudsman und ein Vertreter berufen sowie eine ständige Kommmission (Untersuchungsausschuss) gebildet, die nur auf Antrag des Ombudsmans tätig werden kann. Das Verfahren vor der Kommission ersetzt nicht andere gesetzliche oder satzungsrechtlich vorgesehene Verfahren (z.B. Disziplinarverfahren, arbeitsrechtliche Verfahren, Strafverfahren). Wenn der Anrufende Bedenken hinsichtlich der Objektivität der örtlichen Ombudsman-Gremien hat, wird sich der DFG-Ombudsman stets der Anliegen des Anrufenden annehmen. Es muß gelten, dass der Anrufende eine freie Wahl zwischen der Anrufung eines örtlichen Gremiums und des Ombudsman der DFG hat. Die Distanz des DFG-Ombudsmans zum örtlichen Geschehen hat sich vielfach als wertvoll erwiesen.

Das Gremium DFG-Ombudsman wird nach einer etwa zweijährigen Anlaufphase mit wenigen Fällen, da die Institution noch ungenügend bekannt war, jetzt lebhaft in Anspruch genommen, nicht immer zu Recht, wenn grundlos durch *verleumderische Anklage* ein Wissenschaftler der Unredlichkeit bezichtigt wird.

Die Motive für solche Diffamierung sind meist der Neid auf von Entdeckerglück Begünstigte oder das Unverständnis für Querdenker oder intelligente Außenseiter ohne Einordnung in die etablierte wissenschaftliche Schule. Der Vorwurf, die Ergebnisse beruhten auf Täuschung und Betrug, kann Karrieren verlangsamen oder gar stoppen.

Im übrigen sind derartige Verleumdungen ein äußerst seltenes Ereignis. Wir haben in unserer Amtszeit von 7 Jahren insgesamt 162 Fälle angezeigten wissenschaftlichen Fehlverhaltens bearbeitet. Ich werde später auf die Kategorien des Fehlverhaltens zurückkommen, die uns dabei begegnet sind.

Zum Ablauf des Verfahrens nach Anzeige eines wissenschaftlichen Fehlverhaltens

Trotz ihrer zum Teil gegensätzlichen Rollen teilen nach unserer Erfahrung der Beschuldigte, seine Institution und der, der Zweifel an der Arbeit geäußert hat (Informant oder *whistle blower*) das Ziel einer möglichst schnellen Aufklärung der vorgebrachten Verdächtigungen ohne öffentliches Aufsehen. Allen drei Beteiligten liegt an dem Schutz ihres Rufes. Das Verfahren zur Aufklärung muß sich an diesem gemeinsamen Interesse orientieren. Die wichtigsten Regeln für jedes Verfahren sind die Grundsätze der Vertraulichkeit, der Fairness und der Transparenz für alle Beteiligten.

Vorermittlung

Bewährt hat sich ein abgestuftes Verfahren. Wenn ein Informant seine Beschwerde vorträgt, wird er gebeten, Einzelheiten und Hintergründe des Vorwurfs darzustellen. Das kann schriftlich oder auch mündlich geschehen (*Vorermittlung*). Absolute Vertraulichkeit ist im Interesse des Informanten und des Beschuldigten geboten. In nicht wenigen Fällen lässt sich der Vorwurf im Gespräch klären oder korrigieren. Wenn sich der Vorwurf aber verdichtet, werden weitere Untersuchungen notwendig, die jedoch nur möglich sind, wenn die Einwilligung des Informanten gegeben wird. Ist dies der Fall, wird der Beschuldigte zum Vorwurf befragt und das Gespräch mit dem Beschuldigten allein oder, wenn erforderlich, in der Gegenüberstellung mit dem Informanten angestrebt. Wenn der Informant seine Einwilligung zur Weitergabe seiner Vorwürfe an den Beschuldigten nicht gibt, ist das Verfahren beendet, durchaus aber nicht immer erfolglos, weil das Gespräch mit dem Ombudsman kritische, selbstkritische und klärende Nachdenklichkeit bewirken kann. Das Zurückziehen der Beschuldigung besonders durch jüngere Informanten, haben wir immer wieder beobachtet, besonders dann, wenn es sich bei dem Beschuldigten um einen Vorgesetzten handelt, weil dabei Konsequenzen für die Weiterarbeit befürchtet werden. Der *Informantenschutz* ist bisher eine ungeklärte Aufgabe und sehr abhängig von der Qualität und Souveränität des Beschuldigten.

Die Informanten sind Personen, die von Fehlverhalten entweder direkt betroffen sind oder aber ein solches Verhalten beobachten und dem Ombudsman mitteilen. Es ist offenkundig, dass Betroffene wie Mitteilende (*whistle blower*) mit der Informierung eines Ombudsmanes über unredliches Verhalten eines oft älteren vorgesetzten Wissenschaftlers nicht selten die eigene Karriere gefährden. Sie geraten in aller Regel in einen Gewissenskonflikt, ob sie einem Fehlverhalten tatenlos zusehen, es gar dulden sollten oder sich durch Information eines Dritten erst recht in Schwierigkeiten bringen sollen. Der von der DFG eingerichtete Ombudsman soll dabei helfen, besonders auch dem wissenschaftlichen Nachwuchs, aus einer derartigen einsamen Konfliktlage einen Ausweg zu finden.

Leider mussten wir feststellen, dass mehrfach für die Informanten schwerwiegende wissenschaftliche Nachteile erwuchsen. Dafür stehen zwei Beispiele:

Ein Informant erreichte nach Abschluss des Verfahrens erst durch eine arbeitsgerichtliche Klärung seine frühere Stelle wieder, ein zweiter kündigte auf Grund unerträglicher Repressalien. Da ein fehlender Informantenschutz die Funktion des Ombudsmans unterlaufen kann, wurde ein Arbeitskreis gebildet, der Mechanismen zum Schutz der Informanten überlegt hat. Bedeutungsvoll ist, wie sich die Leitung z.B. einer Universität bei der Aufdeckung von wissenschaftlichem Fehlverhalten verhält. Solange *whistle blower* und nicht die des Fehlverhaltens Bezichtigten bei der Anzeige von wissenschaftlichem Fehlverhalten auch von der Leitungsebene als Störenfriede und Querulanten bezeichnet und behandelt werden, wird sich die Lage für Informanten nicht verbessern. Oft ist die Verfahrenslage von Beginn an dadurch gekennzeichnet, dass dem des Fehlverhaltens Bezichtigten der Schutz der Institution zukommt und dem *whistle blower* persönliche Motive unterstellt werden. Es wird deshalb den Wissenschaftsinstitutionen dringend empfohlen, Anzeigende (Informanten) nicht zu diskreditieren, sondern in jedem Einzelfall eine objektive Beurteilung zu vollziehen. Es muss begriffen werden, dass nicht das aufgedeckte Fehlverhalten selbst zu einem Reputationsverlust der Institution führt, sondern der intransparente oder gar vertuschende Umgang mit den Vorwürfen. Ein eindeutiger und sicherer Schutz für den Informanten existiert nicht. Er wäre nur dann gegeben, wenn die Anzeige von Fehlverhalten anonym erfolgte. Diese Regelung ist aber untauglich, wenn z.B. durch den Informanten eine Autorschaft bei einer Publikation oder eine ausreichende Betreuung bei der wissenschaftlichen Arbeit eingefordert wird.

Wir haben als Gremium mit Sorge beobachtet, dass an manchen Universitäten und Forschungseinrichtungen institutionelle Widerstände bei der Aufklärung von wissenschaftlichem Fehlverhalten auftauchen, die meist auf ein Netzwerk persönlicher Verflechtungen zurückzuführen sind. Es ist daher unabdingbar, dass die Leitungen der wissenschaftlichen Einrichtungen eine rückhaltlose Aufklärung frei von persönlichen Bindungen und Interessen unterstützen. Vertuschen schadet.

Hauptverfahren

Die *2. Phase des Verfahrens (Hauptverfahren)* erfordert zusätzliche Untersuchungen, insbesondere Beweisaufnahmen und die förmliche Feststellung, ob wissenschaftliches Fehlverhalten vorliegt oder nicht, und schließlich die Reaktion auf einen bestätigten Verdacht.

Ermittlung und Aufklärung erfordern die korrespondierende Reaktion. Interne Regelungen können je nach Art und Schwere des wissenschaftlichen Fehlverhaltens Wege zu einer einvernehmlichen Lösung im Rahmen einer Schlichtung vorzeichnen. Als solche kommen z.B. Empfehlungen an Vorgesetzte oder andere Mitarbeiter der Institution sowie die Verpflichtung zum Rückzug oder zur Korrektur unkorrekter Veröffentlichungen in Betracht. Das Ombudsverfahren findet seine Grenze dort, wo gesetzliche Regelungen greifen (Beamtenrecht, Disziplinarrecht).

Eine Verfahrensbeilegung auf der Basis einer Einigung ist eine Chance zur Befriedung und kann unter Umständen dem Einzelfall besser gerecht werden als ein Urteil auf der Grundlage abstrakt gefasster Tatbestände und Rechtsfolgen. Diese Flexibilität darf aber nicht dazu führen, dass Vorwürfe ungeklärt unter den Teppich gekehrt werden..

In nicht wenigen Fällen gelingt es dem Ombudsman, die Rückkehr aus Situationen des Fehlverhaltens in wieder gute wissenschaftliche Praxis zu erreichen. Dies ist nur möglich, wenn sich der Anfangsverdacht auf Unredlichkeit nicht so erhärtet, dass eine formelle Untersuchung und gegebenenfalls Ahndung notwendig wird. Sollte das notwendig sein, gibt der Ombudsman ohnehin an das zuständige Untersuchungsgremium ab (Untersuchungsausschuss der Institution oder der DFG). Nicht selten allerdings erweist sich die Reputation des Ombudsmans als ausreichend zur Wiederherstellung redlichen Verhaltens.

Das Ombuds-Gremium widmet sich allein der Aufklärung des wissenschaftlichen Fehlverhaltens. Am Ende eines Verfahrens kann damit allein die Feststellung von Fehlverhalten stehen, nicht aber deren Sanktionierung, für die die Rechtsordnung im Bereich des Disziplinar-, Urheber-, Beamten- oder Arbeitsrechtes Maßnahmen bereit hält.

Kategorien des Fehlverhaltens

Ich wende mich nun den *Kategorien des Fehlverhaltens* zu, die wir beobachtet haben. Wir haben nach den ersten Jahren unserer Tätigkeit die an uns herangetragenen Anrufungen in sechs Kategorien unterteilt, die sich am Anrufungsgegenstand orientieren.

Besonders bei der Bearbeitung naturwissenschaftlicher und medizinischer Fragestellungen ist es heute oft notwendig, mit unterschiedlichen Methoden ein Thema zu bearbeiten. Das setzt voraus, dass jeweils methodisch unterschiedlich bewanderte Mitarbeiter im Team arbeiten und dann ein gemeinsam erzieltes Ergebnis vorliegt. Bei der Autorenangabe der Publikation muss jeder berücksichtigt werden, der einen eindeutigen persönlichen wissenschaftlichen Beitrag geleistet hat. Vielfach war oder ist es in Deutschland üblich, dass der Chef einer Einrichtung, an der die Ergebnisse erzielt wurden, sich in der Autorenreihung aufführen lässt, obwohl er keinen essentiellen Beitrag erbracht hat. Diese sog. "Ehrenautorschaft" hat unser Gremium und die DFG sehr beschäftigt. Es wurden von Betroffenen mehrere Argumente für die Ehrenautorschaft vorgebracht, hauptsächlich jenes, dass der Chef oder Leiter der Einrichtung die Rahmenbedingungen für die wissenschaftliche Arbeit geschaffen hat und damit ein Recht für die Mitautorschaft erworben hat. Hier hat die DFG die Grundsatzentscheidung getroffen, dass Ehrenautorschaften nicht zulässig sind. So klar diese Entscheidung ist, im Einzelfall haben wir uns im Blick auf die Mitautorschaft mit mehreren Betroffenen auseinandergesetzt, um ihren essentiellen Anteil an der Gewinnung der Ergebnisse zu klären.

Eine zweite Gruppe bilden die Plagiatsvorwürfe. Sie waren vergleichsweise leicht zu handhaben, da die Angeschuldigten in der Regel (aber keineswegs immer) das meist offensichtliche Fehlverhalten eingestehen.

Als dritte Kategorie möglichen Fehlverhaltens fasst der Ombudsman alle Anrufungen zusammen, die Auseinandersetzungen zum Umgang mit Daten und anderen Forschungsgegenständen beinhalten. Hierunter sind z.B. Datenmanipulationen oder Datenfälschungen zu verstehen. Häufig gibt es auch Auseinandersetzungen in Verbindung mit dem Zugang der Aufbewahrung oder der Auswertung von Daten.

Als vierte Kategorie von Fehlverhalten werden Anrufungen zur Forschungsbehinderung von Wissenschaftlern vorgetragen. Insbesondere sind davon Doktoranden und Habilitanden betroffen, die ihren wissenschaftlichen Abschluss gefährdet sehen.

Auch die fünfte Fallgruppe der Anrufungen betrifft die Probleme bei negativem Ausgang von Begutachtungs- bzw. Forschungsförderungsverfahren. Der Ombudsman der DFG betont, dass er Förderentscheidungen selbst nicht prüfen oder gar rückgängig machen kann. Insbesondere kommt eine Überprüfung der wissenschaftlichen Korrektheit der Begutachtungsentscheidungen durch ihn nicht in Frage. Wohl aber kann er sich um Fehlverhalten kümmern, wenn es um Fehlverhalten der Gutachter geht, etwa einen plagiierten Forschungsantrag eines

Gutachters oder eine sachwidrige Behinderung. Beschwerden, bei denen mehr Transparenz in Gutachterverfahren verlangt wird, verweist der Ombudsman der DFG in der Regel an die betreffende Förderinstitution und beschränkt sich auf allgemeine Empfehlungen.
Als eine letzte Kategorie betrachtet der Ombudsman der DFG den Schutz vor ungerechtfertigten Vorwürfen. In ihr sind die wenigsten Fälle zu verzeichnen. Offenbar werden nur in ganz seltenen Fällen Anschuldigungen wissenschaftlicher Unredlichkeit erhoben, ohne dass diese im Kern zuträfen.

Manchmal ist es schwierig zu erkennen, ob bei einer Anrufung ein wirkliches Fehlverhalten vorliegt oder nicht. Die Beurteilung ist von verschiedenen Faktoren abhängig. So gelten in den Disziplinen teilweise unterschiedliche Standards, und die Grauzone dessen, was als *lege artis* gelten kann, ist beachtlich. Auch bei der Ermittlung des Sachverhaltes selbst tauchen Schwierigkeiten auf, da dieser von den Parteien in aller Regel subjektiv und teilweise durchaus unterschiedlich dargestellt wird. Trotz dieser Schwierigkeiten war es im allgemeinen sehr bald möglich, die Tragweite der konkreten Anrufung zu erkennen.

Schwerpunkte der Ombudstätigkeit

Sieht man sich die *Schwerpunkte der Ombudstätigkeit* an, lassen sich folgende Feststellungen treffen: Nach den Disziplinen geordnet liegen die Schwerpunkte der Ombudsfälle eindeutig im Bereich der Biowissenschaften, der Medizin und der Naturwissenschaften. Knapp ein Drittel der angenommenen Ombudsman Anrufungen (51 von 163) kamen aus dem medizinischen Bereich weitere 37 aus den naturwissenschaftlichen Fächern, worunter Biologie, Chemie, Physik, Mathematik verstanden werden sollen. Die weiteren Anrufungen, die aus den Bereichen der Wirtschaftswissenschaften, der Geistes-, Sozial- und Ingenieurswissenschaften stammten, zeigten über die Jahre aber, dass kein Wissenschaftsbereich vor dem Auftreten von wissenschaftlicher Unredlichkeit gefeit ist.

Es erhebt sich die Frage, warum häufen sich die Fälle in den Biowissenschaften? Ulrike Beisiegel, Biochemikerin am Universitätsklinikum Hamburg Eppendorf, hat sich mit dieser Frage befasst (Beisiegel 18-20). Sie vertritt die Auffassung dass der extrem schnelle Fortschritt der biomedizinischen Techniken eine kritische Evaluierung ihrer Anwendungsbereiche erschwert. Vielfach werden molekularbiologische Methoden eingesetzt, ohne die Ergebnisse ausreichend kritisch bewerten zu können. Daneben ermöglichen Computerprogramme die Auswertung großer Datenmengen ohne die Möglichkeit zur individuellen Prüfung der Daten. Weiterhin ist zu bedenken, dass immer mit biologischem Material gearbeitet wird, was bedeutet, dass kein Experiment wirklich unter identischen Bedingungen wiederholbar ist. Zellkulturen, Tiere oder Patienten sind individuell, von Umwelteinflüssen abhängig und daher nur begrenzt vergleichbar. Als Konsequenz ist zur Validierung einer Aussage eine große Zahl von Versuchen erforderlich, die oft vom Ausgangsmaterial her gar nicht möglich ist. Durch Mangel an Material und durch Zeitdruck kann es so leicht zu Unredlichkeiten kommen. Die Schuldfrage ist nicht einfach zu beurteilen.

Häufigkeit der Fehlverhalten

Welche *Arten von Fehlverhalten* werden am häufigsten beobachtet? Auffälligerweise sind das nicht Vorwürfe wegen Fälschung oder Manipulation von Daten. Diese machen vergleichsweise wenige Fälle aus. Die meisten Anrufungen betreffen Autorschaftsfragen (30 von 162 angenommenen Fällen). Hierzu werden auch Plagiatanschuldigungen (18 von 162 Fällen) gerechnet, da in beiden Fehlverhaltensweisen Vorwürfe über den eigentlichen Urheber eines wissenschaftlichen Beitrages bzw. seine originelle und substanzielle Leistung erhoben werden. Zunehmend werden aber auch Klagen über Forschungsbehinderung (27 von 162 Fällen) an den Ombudsman der DFG herangetragen. Hierunter fällt beispielsweise die Frage, wem die Daten, Proben, Geräte, bzw. Ergebnisse eines Projektes gehören, sofern einer der Wissenschaftler das Projekt wegen eines Ortswechsels verlässt.

Die bei Einrichtung des Ombudsman-Gremiums der DFG bestehende Vermutung, es würden insbesondere im medizinischen und im naturwissenschaftlichen Bereich Verletzungen guter wissenschaftlicher Praxis auftreten, hat sich bestätigt. Nicht bestätigt hat sich dagegen die insbesondere durch die Presse mancherorts geschilderte Vermutung, größere Datenmanipulations- und Fälschungsfälle seien in der Wissenschaft an der Tagesordnung.

In der Breite der Fälle fällt auf, dass viele Probleme auf eine *ungenügende Wahrnehmung der Leitungsverantwortung* von Wissenschaftlern zurückzuführen sind. Im Verlauf solcher Fälle ist charakteristisch, dass die Konflikte bzw. Missstände innerhalb der betreffenden Forschungsinstitution schon lange vorhanden waren, Kommunikationsstörungen diese verstärkten, bis einer der Beteiligten aufgrund der dann eintretenden Unzumutbarkeit den Fall an den Ombudsman der DFG heranträgt. Insoweit kann man von einer Eskalation sprechen, die bei einer angemessenen Wahrnehmung der Leitungsverantwortung vermieden werden könnte. In den Empfehlungen der DFG-Richtlinien ist dieser Aspekt deutlich benannt. Er wird aber im Gegensatz zu Fehlverhaltenstatbeständen wie Plagiat und Datenmanipulation nicht von allen Gremien und Institutionen als solcher wahrgenommen. Die Leitung jeder Hochschule und jeder Forschungseinrichtung trägt die Verantwortung für eine angemessene Organisation, die sichert, dass in Abhängigkeit von der Größe der einzelnen wissenschaftlichen Arbeitseinheiten die Aufgaben der Leitung, Aufsicht, Konfliktregelung und Qualitätssicherung eindeutig zugewiesen sind und gewährleistet ist, dass sie tatsächlich wahrgenommen werden. Eine positive Ausnahme ist die Max-Planck-Gesellschaft. Sie hat nach Kenntnis des Ombudsmans der DFG den Aspekt der nicht wahrgenommenen Leitungsverantwortung zum eigenständigen Tatbestand von Fehlverhalten erhoben.

Der Ombudsman der DFG empfiehlt nachdrücklich, diesem Gesichtspunkt wegen der oft engen Verbindung zwischen mangelhafter Leitungsverantwortung und Fehlverhalten von Wissenschaftlern künftig eine größere Aufmerksamkeit zu widmen. Die Institutionen der Wissenschaft werden in der Erläuterung zu Empfehlung 3 der DFG-Richtlinien angehalten, Organisationsstrukturen zu gewährleisten, die eine lebendige Wechselwirkung und einen fachlichen Austausch innerhalb der Arbeitsgruppe und den Kontakt zur Leitungsebene garantieren.

Qualitätssicherung sollte als Merkmal wissenschaftlicher Redlichkeit verstanden und geübt werden. Wenn Fehlverhalten auftaucht, hat die Leitungsebene es häufig offenkundig versäumt, Strukturen zu schaffen, die eine offene Kommunikation durch Gespräche, Diskussionen und Auseinandersetzungen ermöglichen. Nicht wahrgenommene Leitungsverantwortung kann jedoch besonders jüngere Wissenschaftler in ihrer wissenschaftlichen Entwicklung behindern und hat zudem eine negative Vorbildwirkung.

Berichte über wissenschaftliches Fehlverhalten sind voll von Beschreibungen verschwundener Originaldaten und der Umstände, unter denen sie angeblich abhanden gekommen sind. Ich erinnere mich dabei eines besonders grotesken Falles, bei dem nach erfolgter Habilitation der Verdacht auf Datenmanipulation geäußert wurde. Die daher notwendige Dateneinsicht und Überprüfung war aber nicht mehr möglich, da der Habilitand angab, er habe im Hochgefühl der abgeschlossenen Habilitation seine Daten verbrannt.

Ursachen von Fehlverhalten

Bedeutungsvoll ist die Frage nach den *Ursachen von wissenschaftlichem Fehlverhalten.* Abgesehen von den gewiss seltenen Persönlichkeitsdefekten im Umgang mit der Wahrheit erhebt sich die Frage, inwieweit unser Wissenschaftssystem Fehlverhalten begünstigt. Der Wettbewerb unter Wissenschaftlern, aber auch unter Institutionen, ist ein wichtiger Impuls für die Steigerung der Leistung und damit für die Erhöhung der Karriere-Chancen. Neben der Versuchung zum Regelverstoß kann Wettbewerbsdruck zu Nachlässigkeit und mangelnder Sorgfalt führen. Kernstück wissenschaftlicher Methode ist aber der systematische Zweifel an den eigenen Ergebnissen. Sofern diese, wie in den Naturwissenschaften und der Medizin, auf Experimenten beruhen, sollten diese, besonders, wenn sie das erhoffte Ergebnis erbracht haben, wiederholt werden. Wiederholbarkeit durch Dritte ist der beste Beweis für ihre Exaktheit. Erfolgsdruck und das Bestreben, schneller als die Konkurrenz zu publizieren, sind eine Quelle schlecht abgesicherter Ergebnisse und kommen in der Praxis weit häufiger vor als echte Fälschungen. Das Negativ-Prinzip "publish or perish" charakterisiert die Situation sehr klar. Die Länge von Publikationslisten ist kein Qualitätsmerkmal. Extremer Leistungsdruck und Forderungen nach gehäuften Publikationen, dem nicht jeder gerecht werden kann, führen zur Versuchung zu unredlichem Handeln mit kleinen Mogeleien als Ausweg. Dazu ein sehr nachdenkenswerter Satz von dem Juristen Dieter Simon, dem ehemaligen Vorsitzenden des Wissenschaftsrates der Bundesrepublik und Präsidenten der Berlin-Brandenburgischen Akademie der Wissenschaften: „Verführung hat keinen Anspruch auf Strafmilderung, aber ihr Anblick mildert den Hochmut der Unverführbaren". Die hohe Verantwortung eines in der Wissenschaft Tätigen, für seine Mitarbeiter Vorbild der Redlichkeit zu sein und diese auch von ihnen einzufordern, bleibt Grundsatz aller wissenschaftlichen Arbeit.

Konsequenzen von Fehlverhalten

Die praxisbezogenen *Konsequenzen von Fehlverhalten* sind vielgestaltig. Sie sind abhängig vom Schweregrad und der zugeordneten Disziplin. In der Medizin und der Technik können sie zu fatalen personalen oder materiellen Schäden führen. Man denke z.B. an gefälschte Daten bei einer neuen medikamentösen Therapie oder bei der Entwicklung eines neuen technischen Gerätes. Ganz abgesehen von diesen speziellen Folgen sind die allgemeinen, für alle Wissenschaftsbereiche geltenden Konsequenzen weittragend: der Vertrauensverlust innerhalb der *community* und außerhalb in der Gesellschaft, der Verlust von Akzeptanz der Wissenschaft und ihrer Ergebnisse, die viele Bereiche unseres Lebens bestimmen. Das Vertrauen in die Wissenschaft kann nur bewahrt werden, wenn Redlichkeit die Maxime des Handelns bleibt. Meine Erfahrung als Ombudsman erlaubt aber die wichtige Aussage, dass schwerwiegende Fälle von Fehlverhalten extrem selten sind. Die von der DFG entwickelten Grundsätze zur Vermeidung wissenschaftlichen Fehlverhaltens und die Existenz der Ombudsman-Gremien leisten dazu einen essentiellen prophylaktischen Beitrag.

Literaturangaben

Beisiegel, U. „Erfahrungen in der Wahrheitskommission“ in: *Lug und Trug in den Wissenschaften*, Gegenworte 2 (1998). 18-20.

DFG 1998. *Sicherung guter wissenschaftlicher Praxis*. Denkschrift. Weinheim: Wiley - VCH, 1998. 25.04.12. Web. <http://www.dfg.de/download/pdf/dfg_im_profil/reden_stellungnahmen/download/empfehlung_wiss_praxis_0198.pdf>.

DFG 1999–2005. *Zum Umgang mit wissenschaftlichem Fehlverhalten. Abschlussbericht des Ombudsman der DFG, Ergebnisse der ersten sechs Jahre Ombudsmannarbeit 1999 - 2005*. 25.04.12. Web. <http://www.ombudsman-fuer-die-wissenschaft.de/Dokumente/Abschlussbericht_Jahrgang_1999_bis_2005.pdf>.

DFG 2009. *Wissenschaftsfreiheit - Ein Grundrecht im Gespräch*. DFG Pressemitteilung Nr. 45, 2009. 25.04.12. Web. <http://www.dfg.de/service/presse/pressemitteilungen/2009/pressemitteilung_nr_45/index.html>.

Edelstein, W. et al. *Verantwortliches Handeln in der Wissenschaft. Analysen und Empfehlungen*. Max-Planck-Forum Bd. 3. München: Max-Planck-Gesellschaft, 2001.

Universität Leipzig 2002. *Satzung der Universität Leipzig zur Sicherung guter wissenschaftlicher Praxis. Bekanntnmachung vom 9. August 2002*. 25.04.12. Web. < http://www.zv.uni-leipzig.de/forschung/satzung.html>.

Uwe Pörksen

Ist die Sprache ein selbständiger Faktor der Wissenschaftsgeschichte?

Über die Anstößigkeit unerwarteter Sprache

Ist die Sprache ein selbständiger Faktor der Wissenschaftsgeschichte?

Die Frage birgt ihre Schwierigkeiten. Sprache ist den einen bloßes Instrument, durchsichtig auf den Gegenstand hin wie Wasser, anderen scheint sie an seiner Bildung Anteil zu haben. Sie ist die anpassungsfähigste soziale Institution, die flexibelste. Vielleicht ist sie darum auch die unauffälligste, selbstverständlich verfügbar und kaum ins Blickfeld geratend.

Wenn Sie eine improvisierte Beobachtung zur Vortragspraxis im Saal unserer Akademie erlauben: Der naturwissenschaftliche Flügel spricht fast immer frei; es gehört anscheinend zur Spielregel, nicht abzulesen, und zwar nicht nur dann, wenn mit Schaubildern und Wandtafel gearbeitet wird. Die Sache stellt sich durch das eine oder das andere Wort von selber dar. Das erinnert an den Ausspruch des berühmten Kollegen im gotischen Zimmer: „Ich kann das Wort so hoch unmöglich schätzen." (Goethe, *Faust I*, V.1226)

Der geisteswissenschaftliche und sozialwissenschaftliche Flügel scheint der fixierten Formulierung viel mehr Gewicht zu geben, er liest häufiger ab, hält sich ans Manuskript, es sieht so aus, als habe die Sprache ein Eigengewicht, als sei sie am Aufbau der Gegenstände und an ihrer Wirkung beteiligt und dies beides kaum zu trennen.

Das kleine Häuflein zwischen den großen Klassen, der Tisch der Schriftsteller, bindet sich meist ganz ans Wort; es erscheint als die Hauptsache. Das Wort ist für manchen das einzige, was in Betracht kommt. Wir finden hier die Ansicht, die Wirklichkeit sei sprachgemacht, und was das eigene Tun angehe, so gelte:

> Eine Wirklichkeit ist nicht vonnöten
> ja es gibt sie garnicht, wenn ein Mann
> aus dem Urmotiv der Flairs und Flöten
> seine Existenz beweisen kann.
> (Benn, *Wirklichkeit*.)

Die Frage, ‚Ist die Sprache ein selbständiger Faktor der Wissenschaftsgeschichte?', geht in diesem Fall vom Katzentisch aus, von der Vermutung eines erheblichen Gewichts der Sprache, aber mein Beobachtungsgegenstand ist überwiegend die Geschichte der Naturwissenschaft. In der Geschichte der Wissenschaften passiert es immer wieder, daß ein Autor sich neu, anders, vielleicht auch unmittelbarer gegen die Sachen stellt. In solchen Fällen wird die überlieferte Sprache als Institution sichtbar, fühlbar. Sie wehrt sich und erscheint als gar nicht mehr so beweglich. Zur Geschichte der Wissenschaft gehört fortwährend ein Überhang institutionalisierter Sprache. Als schriftlich fixiertes Gebilde kann sie die Trägheit der Institution annehmen.

Wie läßt sich unserer Frage beikommen? Ich möchte sie hier aus nur einem Blickwinkel angehen, nicht allgemein und philosophisch, sondern sozialpsychologisch.

Ich schlage vor, das Stirnrunzeln zum Ausgangspunkt einer Geschichte der Wissenschaftssprache zu wählen. Das Stirnrunzeln ist bekanntlich eine der Gesten, durch die wir in mündlichen Situationen einen befremdlichen Sprachgebrauch ahnden. Andere Formen der Sanktion sind, versteckt zu lächeln oder sich zu räuspern, offen zu lachen, verschlossen schweigend vor sich hinzusehen oder einfach wegzuhören. Ziemlich häufig ist die spottende Nachahmung störender Sprache, am seltensten vielleicht ihre ausdrückliche, begründete Ablehnung.

Etwas Vergleichbares läßt sich in der Geschichte der Wissenschaften beobachten. Man stößt immer wieder auf den Fall, daß ein Sprachgebrauch Anstoß erregt, einen Skandal hervorruft, Sanktionen auslöst und jedenfalls Wirkung ruckartig fördert oder verhindert.

Diese Fälle sind für den Sprachhistoriker deshalb so interessant, weil, wenn ein Regelverstoß geahndet wird, erkennbar wird, was als Regel gilt. Die Sanktionen sind ein Indikator geltender Normen, wir können sie geradezu als Instrument verwenden, um Sprachgebrauchsnormen aufzudecken.

Im Folgenden versuche ich, das Gesagte an vier Kreisen sichtbar zu machen. Ich hebe vier Sprachgebrauchstraditionen hervor, mit denen im Lauf unserer Wissenschaftsgeschichte gebrochen wird. Die Themen sind:

1. Die Anstößigkeit des Deutschen, wo Latein erwartet wird.

2. Die Anstößigkeit von Poesie und Rhetorik, wo Wissenschaft erwartet wird.

3. Die Anstößigkeit bildungssprachlicher Spekulation, wo Empirie und Mathematik erwartet wird.

4. Die Anstößigkeit des Deutschen, wo Englisch erwartet wird.

1. Die Anstößigkeit des Deutschen, wo Latein erwartet wird

Der Schritt vom Lateinischen zum Deutschen ist derjenige Regelverstoß, der die heftigsten Reaktionen auslöst, zu Recht, es ist ein revolutionärer Akt. Der Wechsel ist nicht gleichbedeutend mit der Frage, ob Wissenschaft in einer universalen Fremdsprache oder in der heimischen Muttersprache gelehrt werden soll, wie es einer nationalen Sprachgeschichtsschreibung erscheinen konnte. Paracelsus und später Thomasius ist zwar schon von Zeitgenossen vorgehalten worden, sie beherrschten halt das Lateinische nicht genug, aber der Vorwurf war gegenstandslos, Latein und Deutsch waren ihnen mündlich und schriftlich vollständig geläufig, zwei Möglichkeiten des Sprachgebrauchs, zwischen denen sie hin und her pendelten. Die Frage war, in welchem sozialen Umfeld Wissenschaft getrieben und verbreitet werden sollte.

Paracelsus in Basel[1] ist ein Fall, der bereits alle Dimensionen dieses Übergangs sichtbar macht. Er tritt im März 1527 das alte Amt eines Stadtarztes von Basel an und gerät sofort in das Spannungsfeld zwischen Universität und Stadt. Der Magistrat der Stadt hat ihn in das Amt des ‚*physicus*' berufen, und es ist unstrittig, daß ihm damit das Recht übertragen ist, an der Universität medizinische Vorlesungen zu halten. Aber wie weit untersteht er damit auch dem Aufsichtsrecht der Universität?

Er liest zunächst auf lateinisch, beginnt dann parallel auf deutsch eine chirurgische Vorlesung (Paracelsus 1922-33; 4, XXIIf.), die über den Kreis der eigentlichen Ärzte hinaus auch die Wundärzte anspricht, Leute, die auf dem Weg über eine Lehre und ohne Latein zu ihrer Profession gelangen. Der Kreis seiner Hörer erweitert sich.

Darauf versucht er, eine gründlichere Reformation der Medizin zu initiieren, indem er dem den Kampf ansagt, was man als das jahrhundertealte Konnotat, den Assoziationshof lateinisch gefaßter und geronnener Wissenschaft bezeichnen könnte: der Autorität der Alten und der an einen schriftlich überlieferten Kanon gehefteten Wahrheitsvermutung.

In einer *Intimatio* vom 5. Juni 1527, einem Vorlesungsprogramm, das er als Flugblatt verbreitet – (üblicherweise wird es ans Schwarze Brett angeschlagen) – schreibt er auf lateinisch:

---

1 Zum Folgenden vgl.: Hodermann, 1891, S. 7ff.; Peuckert, 1944, S. 140ff., 151ff., 161ff; Pörksen, 1986 S. 45ff.; Sudhoff, 1936 S. 24-45.; Blaser, 1979, darin besonders: „Neue Erkenntnisse zur Basler Zeit des Paracelsus", S. 20-81; „‚Man es Galeni adversus Theophrastum'. Ein Beitrag zur Deutung des Basler Pasquilles gegen Paracelsus", S. 82-102; „‚Amplo stipendio invitatus'. Zur Frage der Stellung und Besoldung des Paracelsus in Basel", S. 103-114.

Quis enim nescit. .. -Wer weiß es denn nicht, daß die meisten Ärzte heutiger Zeit zum größten Schaden der Kranken in übelster Weise daneben gegriffen haben, da sie allzu sklavisch am Worte des Hippokrates, Galenos und Avicenna und anderer geklebt haben, als ob diese wie Orakel aus dem Dreifuß des Apoll her ausklängen, von deren Wortlaut man auch nicht um Fingers Breite abweichen dürfte. (nach Sudhoff 28f)

Er verlagert den Wahrheitsbeweis von der Autorität der Alten und von der überlieferten Schrift auf die Natur der Dinge und auf Erfahrung, Arbeit und eigene Erwägung, *rei natura, experientia, labor, ratio.*

Am 24. Juni wirft er öffentlich ein medizinisches Kompendium ins Johannisfeuer. Die Sanktionen ließen nicht auf sich warten. Die Universität sucht seine Kollegs zu hintertreiben, verbietet ihm den Hörsaal, zieht die Rechtmäßigkeit seines Doktortitels in Frage und zwingt ihn zu seiner Beeidung, entzieht ihm das Promotionsrecht. Er wendet sich in einer Beschwerde an den Magistrat:

also das ir min obern herren, decanen und facultet (und nit die ienigen) sigen, uf das ich billich mög als ein ordinarius promoviren in doctores. (Sudhoff 32)

Nicht lange danach ist eines Sonntagmorgens an den Türen des Doms, der Kirchen zu St. Martin und St. Peter und an der neuen Burse ein Pasquill in Versen angeschlagen, unterzeichnet „Ex inferis“, „Aus der Unterwelt“, überschrieben ‚Manes Galeni adversus Theophrastum, sed potius Cacophrastum‘, ‚Die Manen Galens gegen Theoprastus oder besser Cacophrastus‘. Er wird als Windbeutel und Dieb gescholten, seine eigenwilligen Termini werden parodiert.

Dispeream si tu Hippocrati portare matellam Dignus es, aut porcos pascere, Vappa, meos. Verrecken will ich, wenn Du würdig bist, dem Hippokrates das Nachtgeschirr nachzutragen, oder meine Schweine zu hüten, Du Lappes. (Sudhoff 40)

Das Gedicht ist vermutlich von drei Hörern des Paracelsus verfaßt, aber von der Universität angestiftet worden. Paracelsus konnte sich nur elf Monate in Basel halten.

Die Frage war, wie gesagt, in welchem sozialen Umfeld Wissenschaft getrieben und verbreitet werden sollte. Nicht ein Abstraktum „Sprache“ stand zur Diskussion, sondern eine Entscheidung zwischen zwei grundverschiedenen Kulturen: zwei Spielregeln der Wahrheitsfindung und zwei Öffentlichkeiten, Trennung von Universität und Stadt oder Durchdringung der Stadt mit Wissenschaft (vgl. Pörksen 56f.).

Die Niederlegung der lateinischen Trennmauer führt dazu, daß Wissenschaft das öffentliche Weltbild einer Kritik unterzieht und zugleich sich selbst dem Zugriff derer aussetzt, die über dieses Weltbild die Oberaufsicht beanspruchen. Latein konnte ein Schutzwall sein. Galileo Galileis *Sidereus Nuncius*, der seine bedeutendsten astronomischen Entdeckungen veröffentlichte, erschien 1610 mit

Zustimmung zweier Inquisitoren. Als wenig später seine *Discorsi* die gleichen Inhalte in der Landessprache und ihrem Duktus mitteilen, tritt die Inquisition in Aktion (Olschki 63f., 66f.). In der Sprache der Allgemeinheit ruft die neue Wahrheit ihren Rivalen auf den Plan.

160 Jahre nach Paracelsus, zur Ostermesse 1687, hat Christian Thomasius am Schwarzen Brett der Leipziger Universität auf deutsch zu einem Kolleg über Gracians *Handorakel der Weltklugheit* eingeladen. Sprache und Thema hängen offensichtlich zusammen. Er unterrichtete nicht im Talar, sondern in der Kleidung der Stadt, in Zivil, und die Vorbereitung der Studenten auf die praktische Welt erscheint ihm zunehmend als Aufgabe. Seine gezielte Provokation richtet sich wie die seines Vorgängers in Basel gegen das Schriftprinzip, die Versteinerung der Überlieferung durch ihr Weitergetragenwerden in dem konservierenden lateinischen Kanon, das „aristotelische Orgelwerk", und er verbindet sie mit einer Neubestimmung des Bildungsauftrags der Universität. Auch Thomasius konnte sich nicht halten, er entwich von Leipzig nach Halle, an seinen dortigen Namen knüpft sich dann aber der Durchbruch der deutschen Sprache an der Universität (Hodermann 7ff.; Pörksen 45ff.).

Nachdem die soziale Norm durchstoßen, der Schritt von dem einen sozialen Umfeld in das andere geschehen ist, kann die Frage Fremdsprache oder Muttersprache in den Vordergrund rücken. In einer biographischen Skizze über den Mathematiker Gauß, der noch im 19. Jahrhundert lateinisch schrieb, bemerkt der Engländer Eric T. Bell 1937:

> An Stelle des leichten Lateins, das Euler und Gauß genügte und das in wenigen Wochen erlernbar war, muß nun jeder Wissenschaftler zu seiner eigenen Sprache noch zwei oder drei andere mindestens lesen lernen. Gauß wehrte sich, solange er konnte, aber schließlich mußte auch er nachgeben und seine astronomischen Werke deutsch schreiben. (Bell 225)

2. Die Anstößigkeit von Poesie und Rhetorik, wo Wissenschaft erwartet wird

Die Wissenschaft trennte sich nicht nur in einem sehr allmählichen, stockenden, schwankenden Prozeß von der Autorität der europäischen gelehrten Universalsprache, sie verabschiedete sich auch von der Vorstellung, die der Humanismus zunächst belebt hatte, daß poetische und rhetorisch geprägte Formen gleichberechtigte und ernst zu nehmende Gattungen wissenschaftlicher Mitteilung seien. Ein zeitgenössischer Historiker der *Royal Society* in London, Thomas Sprat, schreibt 1667, die neue Akademie

> verpflichtete ihre Mitglieder auf einen präzisen, nüchternen, ungezwungenen Stil, auf konkrete Ausdrücke, klare Bedeutungen und eine natürliche Leichtigkeit, die alles so weit wie möglich der mathematischen Klarheit annähert und sich lieber der Sprache der Handwerker, Bauern und Kaufleute bedient als der der geistreichen Herren und Gelehrten. (Heidelberger 243)

Der neue Stil ist interessanterweise auch hier an ein neues soziales Feld gebunden. Dieses Stilideal wurde zu einem zweiten Stolperstein in der Geschichte der Wissenschaftssprache. Zwar wurde im 18. Jahrhundert *Newtons Optik* auch noch in der Form von Sonetten ausgearbeitet (Heidelberger 248), und Goethe, der um 1780 einen Roman des Weltalls plante, hat seine Einsichten in die Metamorphose der Pflanzen und Tiere nicht nur in Aufsätzen, sondern auch in der traditionellen Form der Elegie, in Distichen, niedergelegt. Aber das naturwissenschaftliche Lehrgedicht war ihm selbst nicht mehr unproblematisch, und er erfuhr das 18. Jahrhundert als Epoche der Trennung und sprachlichen Aufsplitterung der Fächer:

> Vereinzelt behandelte man sämtliche Fähigkeiten; Wissenschaften und Künste, Geschäftsführung, Handwerk und was man sich denken mag, bewegte sich im abgeschlossenen Kreise. [...] Poesie und Wissenschaft erschienen als die größten Widersacher. Indem sich nun jeder einzelne Wirkungskreis absonderte, zersplitterte sich auch in jedem Kreise die Behandlung. (Goethe 1947, 106)

Goethe empfand die Aufnahme seiner „Metamorphose der Pflanzen" von 1790 als „kalt, fast unfreundlich", was angesichts des tatsächlichen Befundes einen etwas hypochondrischen Eindruck macht (Goethe 1947, 106)[2] und vielleicht erst erklärlich wird, wenn man überlegt, daß er seinem naturwissenschaftlichen Werk zunehmend größere Bedeutung zumaß als seiner künstlerischen Hinterlassenschaft. Aber das Gefühl des Mißerfolgs wird produktiv, es führt ihn zu interessanten Erklärungsversuchen.

Der Aufsatz über „Die Metamorphose der Pflanzen" lag nach Goethes Eindruck in dreierlei Hinsicht quer zur eingeübten Erwartung des Publikums:

1. Auf dem Gebiet der Botanik herrschte ein anderer Diskurs.

> Sie antworteten alle mehr oder weniger in Bonnets Redensarten: denn seine Kontemplation der Natur hatte, durch scheinbare Faßlichkeit, die Geister gewonnen, und eine Sprache in Gang gebracht, in der man etwas zu sagen, sich untereinander zu verstehen glaubte. Zu meiner Art mich auszudrücken wollte sich niemand bequemen. (Goethe 1947, 69f.)

2. Der Dichter fällt durch seine wissenschaftliche Arbeit aus seiner „Rolle". Die durch seine bisherigen Arbeiten geschaffene Erwartung wirkt zurück als Rahmen, in dem er sich zu halten hat. Göschen lehnt den Aufsatz ab, das Publikum „stutzt".

2 vgl. Goethe 1984, 137; vgl. die Rezension der ‚Metamorphose der Pflanzen' in Goethe 1947, Abt II. A passim.

Der „Übergang in ein anderes Feld“ wird beim Publikum nicht gern gesehen,

> denn nach seinem Wunsch, sich gut und gleichförmig bedient zu sehen, verlangt es an jeden, daß er in seinem Fache bleibe [...] .(Goethe 1947, 64)

3. Das Publikum faßt den Autor in dem ihm bisher gewohnten Rahmen auf, sein wissenschaftliches Werk wird mißverstanden als Werk der Poesie. Ein Leser beruhigt sich, wie Goethe mitteilt, weil der Dichter die Sache „nach Ovids Weise genommen“. (Goethe 1947, 106) – Das ästhetische Mißverständnis, das insofern naheliegen konnte, als Goethe eine Verbindung von Wissenschaft und Poesie anstrebte, gehört zur Geschichte der Aufnahme seines Werks.

In allen drei Fällen ist es eigentlich die Apperzeptions*gewohnheit*, die Gewöhnung an die Sprache einer wissenschaftlichen Schule oder an das Bild eines Autors, was eine Aufnahme von Andersartigem verhindert oder überblendet.

Alexander von Humboldt, dessen Laufbahn als Naturforscher am nachhaltigsten von Goethe initiiert worden ist, geht zu Beginn des 19. Jahrhunderts bereits davon aus, daß Wissenschaft und Poesie Widersacher seien. Er übergibt 1808 den ersten Niederschlag seiner Weltreise, die später so erfolgreichen *Ansichten der Natur*, „schüchtern“ dem Publikum, spricht von Verirrungen und einem Mangel an Haltung. „Das Gefühl und die Phantasie ansprechend, artet der Stil leicht in eine dichterische Prosa aus.“ (Humboldt 5) Tatsächlich liest man in dem Kapitel , Über die Wasserfälle des Orinoco‘ nach einer Reihe exakter Angaben:

> Dichter Nebel schwebt ewig über dem Wasserspiegel. Durch die dampfende Schaumwolke dringen die Gipfel der hohen Palmen. Wenn sich im feuchten Dufte der Strahl der glühenden Abendsonne bricht, so beginnt ein optischer Zauber. Farbige Bögen verschwinden und kehren wieder. Ein Spiel der Lüfte, schwankt das ätherische Bild. (Humboldt 47)

Der Versfuß des Hexameters grundiert nicht nur an dieser Stelle seine wissenschaftliche Prosa. Das Werk ist aufgespalten in große epische Naturgemälde, die – seiner Vorrede zum Trotz – mit aller List der Komposition angelegt sind und den gewünschten „Totaleindruck“ vermitteln, und in den weit umfangreicheren Anmerkungsteil, der Nachweise, Tabellen und Zahlen, ganze Konvolute harter Daten enthält. Poesie und Wissenschaft, die beiden konträren Zugänge zur Wirklichkeit, treten hier also auch äußerlich auseinander. In der zweiten Auflage von 1826 findet er den Mut, seine Erzählung ‚Die Lebenskraft oder der rhodische Genius‘, die Schiller 1795 in die *Horen* aufgenommen hatte, wieder abdrucken zu lassen, in der dritten Auflage von 1849 zitiert er eine briefliche Bemerkung seines verstorbenen Bruders Wilhelm zum „rhodischen Genius“:

> Die Entwicklung einer physiologischen Idee ist der Zweck des ganzen Aufsatzes. Man liebte in der Zeit, in welcher derselbe geschrieben ist, mehr, als man jetzt tun würde, solche halbdichterische Einkleidungen ernsthafter Wahrheiten.

Auch Alexander von Humboldt nennt die Erzählung nun einen „Aufsatz", was sie nicht ist, und hebt hervor, daß er in dieser Auflage die wissenschaftlichen Erläuterungen auf den neuesten Stand gebracht habe, in der Hoffnung, die „Wichtigkeit genauer numerischer Angaben" werde erkannt und dem „dogmatischen Halbwissen" der „sogenannten höheren Kreise geselligen Lebens" gesteuert. „Die Verbindung eines literarischen und eines rein szientifischen Zweckes, der Wunsch, gleichzeitig die Phantasie zu beschäftigen und durch Vermehrung des Wissens das Leben mit Ideen zu bereichern", von der 1849 die Rede ist, charakterisiert auch sein episches Alterswerk, den „Kosmos". (Humboldt 7f)

Diese Verbindung wird zunehmend unmöglich. H. W. Riehl, der Volkskundler, hat sie noch um die Jahrhundertmitte gesucht, er sprach von einer „Doppelkunst"[3], aber zeitnäher war doch wohl die, wie wir sahen, traditionsreiche Unruhe, mit der Freud 1895 an einer berühmt gewordenen Stelle seine Studien zur Hysterie unterbricht:

> Ich bin nicht immer Psychotherapeut gewesen, sondern bin bei Lokaldiagnosen und Elektroprognostik erzogen worden wie andere Neuropathologen, und es berührt mich selbst noch eigentümlich, daß die Krankengeschichten, die ich schreibe, wie Novellen zu lesen sind, und daß sie sozusagen des ernsten Gepräges der Wissenschaftlichkeit entbehren. Ich muß mich damit trösten, daß für dieses Ergebnis die Natur des Gegenstandes offenbar eher verantwortlich zu machen ist als meine Vorliebe; [...]. (Freud Bd. I, 227)

Auf der einen Seite also „Lokaldiagnosen" und „Elektroprognostik", kurz „Neuropathologie", auf der andern Seite „Ich bin", „Es berührt mich", „wie Novellen zu lesen". Freud benennt hier nicht nur den Zwiespalt zwischen den beiden grundverschiedenen Gattungen, sondern er führt auch jede in der ihr eigenen Sprache vor und stellt seinen Zwiespalt dar. Die Antwort, die er an dieser Stelle findet, charakterisiert später in ausgearbeiteter Gestalt sein gesamtes Werk, er wechselt und verschränkt in ihm die beiden Stile, den des einfühlenden, die seelischen Vorgänge beweglich und phantasievoll darstellenden Schriftstellers und den des distanzierten, kühlen, objektiven Naturwissenschaftlers, der durch seine biologische, chemische, physikalische Bildersprache einen scheinbaren Anschluß an die Leitdisziplinen seiner Epoche herstellt. – Das schlechte Gewissen, die im Eingeständnis der Unruhe vorweggenommene Sanktion der wissenschaftlichen Öffentlichkeit, hat also in seinem wie in Humboldts Fall beträchtliche Folgen für die Form des Werks.[4]

---

3 vgl. Lepenies 241f.; der Reputationsverlust des schriftstellernden Gelehrten ist nicht nur ein Thema des Kapitels über Riehl, sondern wird in verschiedensten Zusammenhängen angeschlagen.

4 Vgl. die „Vorbemerkung" zur ersten Ausgabe der ‚*Traumdeutung*'. „Mit der Mitteilung mei-

Die Grenze zwischen den beiden Widersachern Wissenschaft und Poesie ist seit den siebziger Jahren wieder löchrig geworden. Während Watson mit seinem Buch *The Double Helix* von 1968, das die Geschichte der Entdeckung der DNS-Struktur in der spannendsten Weise erzählt, in der naturwissenschaftlichen Welt zunächst noch einen Skandal hervorrief, hat der Schlachtruf „narratio rediviva!" in den Sozialwissenschaften und Geisteswissenschaften beträchtliche Folgen gehabt, und auch die Naturwissenschaften öffnen sich, scheint es, dem Widersacher.

3. Die Anstößigkeit bildungssprachlicher Spekulation, wo Empirie und Mathematik erwartet wird

Nach 1830, Hegels Todesjahr, wird an der Berliner Universität die Sprache der Naturphilosophie zunehmend verdächtig. Johannes Müller, Inhaber des berühmten ersten Lehrstuhls für Physiologie in Berlin, an dem durch seine Schüler, vor allem durch Du Bois-Reymond und Helmholtz, das moderne naturwissenschaftliche Weltbild, sein Physikalismus und Materialismus, in scharfer Reaktion auf Hegel und die Jenaer Romantik, auf die deutsche Naturphilosophie vom ersten Jahrhundertdrittel insgesamt, ausformuliert wurde[5], Johannes Müller könnte dafür als erstes Beispiel dienen.

Er begann um 1820 als Naturphilosoph, schloß sich danach in seinen Studien zur ‚Physiologie des Gesichtsinnes' zeitweise Goethe an und wurde seit seiner ‚Bildungsgeschichte der Genitalien' von 1830 bis zu seinem Tod 1858 mit 20 Schriften und 250 größeren und kleineren Abhandlungen zu einem der maßgeblichen Erfahrungswissenschaftler in Deutschland. Seine naturphilosophischen Anfänge erschienen ihm im Rückblick nur noch als „Sprache".
Du Bois-Reymond berichtet darüber in seiner schönen Gedächtnisrede, die frühen Arbeiten verrieten bereits alle Sorgfalt seines Lehrers.

> Zugleich aber zeigen sie uns, ein bemerkenswerter Umstand, den jugendlichen Johannes Müller gänzlich versunken in dem Traummeer jener mit polaren Gegensätzen spielenden falschen Philosophie der Natur, die während des ersten Viertels dieses Jahrhunderts

---

ner eigenen Träume aber erwies sich als untrennbar verbunden, daß ich von den Intimitäten meines psychischen Lebens fremden Einblicken mehr eröffnet, als mir lieb sein konnte und als sonst dem Autor, der nicht Poet, sondern Naturforscher ist, zur Aufgabe fällt" (Freud Bd II/III, VIII). Der Schluß der Vorbemerkung enthält vielleicht einen Anklang an Goethes *Werther*. Wie Goethe in seiner Herausgebereinleitung hofft, man werde dem Schicksal des armen Werther die „Thränen nicht versagen", so erhofft sich Freud, daß die von seinem Werk betroffenen Personen „wenigstens dem Traumleben Gedankenfreiheit nicht werden versagen wollen".

5 Vgl. den unheimlich aufschlußreichen Aufsatz von Everett Mendelsohn (1974: 251).

der deutschen Wissenschaft tiefere Wunden schlug als aller Kriegslärm des westlichen Eroberers. Das Leben in der Bewegung ist ihm „eine organische Säule; die Pole sind Beugung und Streckung, oder die Kreisbewegung und die Bewegung in der Längenform: -beide auseinander gerissene Hälften der parabolischen Linie, auf welcher das Leben spielt“ (Isis von Oken, 1822, 1. Bd., 1. Heft, S. 61). Mit solchem Ingrimm blickte Müller nachmals auf diese Verirrungen zurück, daß er selber dieser Arbeiten nie wieder gedachte, und jedes Exemplar derselben, dessen er habhaft werden konnte, aufkaufte und verbrannte. (Du Bois-Reymond 34)

Selbst Hermann von Helmholtz, der zusammen mit Du Bois-Reymond, Brücke und Ludwig 1847 ein Manifest formulierte, durch das sie „die Physiologie auf eine chemisch-physikalische Grundlage stellen und ihr einen gleichen wissenschaftlichen Rang mit der Physik geben“ wollten (Mendelsohn 253), geriet mit seiner berühmtesten Arbeit aus dem gleichen Jahr, der Abhandlung „Über die Erhaltung der Kraft“ in den Verdacht philosophischer Spekulation. Die jüngeren Physiker und Physiologen stimmten der neuen Theorie bei, die älteren lehnten sie fast sämtlich ab. „Sie waren geneigt, die Richtigkeit des Gesetzes zu leugnen und in dem eifrigen Kampfe gegen Hegels Naturphilosophie, den sie führten, auch meine Arbeit für eine phantastische Spekulation zu erklären,“ schrieb er im Rückblick. (Helmholtz/Du Bois-Reymond 20) Wir werden sehen: die eingefahrene Sprache überblendet auch hier Rezeption.

Er trug dieses berühmte Dokument 1847 in der Berliner Physikalischen Gesellschaft vor, ein 26-jähriger Medizinstudent, der sich vorher mit Tierwärme beschäftigt hatte und, während er an Entwürfen zu dieser Abhandlung schrieb, Dienst am Militärhospital in Potsdam tat. Aus einem Brief vom 12. Februar 1847 an Du Bois-Reymond wissen wir, daß er sich alle Mühe gab, die Sprache zu finden, die vor der Physikalischen Gesellschaft Gnade finden würde:

Lieber Freund, ich übersende Dir beiliegend meinen Versuch einer Einleitung zur Konstanz der Kraft, nicht weil ich damit fertig zu sein glaube, denn ich habe beim Durchlesen gesehen, daß vielleicht nichts darin bleiben kann, sondern weil ich noch nicht absehe, wie oft ich ihn noch umarbeiten muß, ehe er fertig ist, und weil ich zu erfahren wünsche, ob Du die Art der Darlegung für eine solche hältst, die bei Physikern Eingang finden kann. Ich habe mich bei der letzten Ausarbeitung zusammengenommen und alles über Bord geworfen, was nach Philosophie roch, soweit es nicht dringend nötig war, [...]. (Helmholtz/Du Bois-Reymond 78f.)

Trotz der wiederholten Versuche, den Aufsatz an die Sprache der Physik anzugleichen, wurde er von dem Jahresorgan der Physikalischen Gesellschaft als nicht ausreichend experimentell abgelehnt, und aus einem Brief Du Bois-Reymonds vom 4. August 1847 läßt sich entnehmen, welche subtilen Überlegungen die Freunde anstellten, bis Helmholtz dieses herausragende Dokument der naturwissenschaftlichen Moderne auf eigene Hand veröffentlichte. (Helmholtz/Du Bois-Reymond

82f.; vgl. Mendelsohn 257). Der Fall Mendel kann als Parallel- und Gegenbeispiel dienen. Johann Mendel (1822–1884), der nach seinen Gymnasialjahren unter dem Namen Gregor in das Brünner Kloster der Augustiner-Eremiten eintrat und 1869 zu seinem Abt gewählt wurde, hat bekanntlich aus einer Serie von Kreuzungsversuchen mit Erbsensorten, die sich über fünf Jahre hinzog, Gesetzmäßigkeiten der Vererbung abgeleitet, für die er eine oft gerühmte klare, mathematische Sprache fand. Diese ‚Sprache' war möglicherweise zunächst einer der Gründe dafür, daß man ihm nicht zuhörte. Auch das Weghören kann eine Station der Sprach- und Wissenschaftsgeschichte sein. Sein Biograph Iltis berichtet: Als Mendel 1865 vor der Gesellschaft für naturwissenschaftliche Studien in Brünn seine „Experimente in der Pflanzenkreuzung" vorträgt, verliert er die Aufmerksamkeit der meisten Zuhörer, sie schweifen ab „bei den ziemlich schwierigen mathematischen Ableitungen, und kein einziger ist da, der so recht versteht, worauf Mendel hinaus will." – „Fragen wurden nicht gestellt, eine Diskussion fand nicht statt", heißt es lapidar im Protokoll (Krumbiegel 60), und Iltis vermutet, daß bei diesem Stutzen vor der „wundersamen Verknüpfung von Botanik und Mathematik" die Erinnerung an „die Naturphilosophie der *Schelling*schen und *Oken*schen Schulen" im Spiele war.

> Spukte doch Art und Stil dieser Schule auch in den Verhandlungsbänden des Vereines herum: [...] dem weder genügend vorbereiteten, noch wohl ganz vorurteilsfreien Hörer und Leser mußte die „botanische Mathematik" Mendels fremdartig genug, ja mysteriös erscheinen. (Iltis 119)

Bewirkte also eine Ausdrucksweise, die heute als einfache Statistik gelten würde, daß Mendels Vererbungslehre zu seinen Lebzeiten nicht begriffen und in ihrer Bedeutung verkannt wurde? Die Überlegung taucht in der Forschung wiederholt auf, ohne daß man hier den Hauptgrund sehen möchte. (außer Iltis vgl. Krumbiegel 60; Sander; Barber 213 und 216)

In der Gegenwart läßt sich leichter der umgekehrte Fall vorstellen, daß nämlich ein Autor, der sich gemeinsprachlich und vormathematisch ausdrückt, wissenschaftlich nicht akzeptiert wird. Auf meine diesbezügliche Frage habe ich von zwei angesehenen Biologen zwei verschiedene Antworten erhalten. Der Freiburger Zoologe Günther Osche schreibt:

> Das hängt davon ab, auf welchem Gebiet er arbeitet. Ernst *Mayr* als Evolutionsbiologe und Konrad *Lorenz* als Verhaltensforscher haben sich ausschließlich „gemeinsprachlich" und „nicht mathematisch" ausgedrückt und haben höchste Anerkennung gefunden, dasselbe gilt in neuerer Zeit auch für *Wilson*, den Begründer der modernen Soziobiologie.

Der Botaniker Burkhart Frenzel, Universität Hohenheim, antwortet dagegen:

> Die Anwendung der guten, nicht alle Feinheiten bedenkenlos ausschöpfenden Gemeinsprache ist kein Hinderungsgrund der Verständigung in der Biologie. Eine Schwierigkeit liegt aber darin, daß man vielfach erst die mathematische Ausarbeitung als Beweis der Richtigkeit ansieht, wo ein einfacher Blick bereits klar und bündig die Zusammenhänge zeigt.

Recht extrem äußerte sich schon vor einiger Zeit der Berliner Physiker Ekkehard Matthias:

> Ein Physiker, der sich nicht der mathematischen Formensprache bedient, ja, der seine Inhalte noch gemeinsprachlich mitteilen kann, ist im Jahr 1982 kein Physiker. – Es muß ein alter Herr sein, der auf die Vergangenheit zurückblickt.[6]

4. Die Anstößigkeit des Deutschen, wo Englisch erwartet wird

Die in der Scientific Community des Westens und teilweise auch des Ostens erwartete Sprache ist seit weniger als drei Jahrzehnten Englisch. Das gilt für die Naturwissenschaften, die Medizin, teilweise auch für Psychologie und Linguistik.

Der Wechsel erscheint wie eine Umkehrung jenes folgenreichen Übergangs, der am Beginn der Neuzeit steht. Wie seinerzeit die europäischen Wissenschaften von der „lingua europaea universalis“ zur Volkssprache übergehen, sich nationalisieren, so verabschieden sie sich seit kurzem wieder von den Nationalsprachen und gehen zur englischen Weltsprache über. Der lateinische Gelehrte bediente sich allerdings der nur für bestimmte Bereiche und Zwecke reservierten Universalsprache einer abgehobenen Schriftkultur, der heutige Wissenschaftler hat eine lebendige, mündliche wie schriftliche, in allen Bereichen gebrauchte Weltsprache zur Verfügung, die zugleich mehrfach Nationalsprache ist. Und während der erste Übergang sich in Deutschland über drei Jahrhunderte unter z. T. lebhaften Auseinandersetzungen hinzieht, vollzieht sich der zweite in drei Jahrzehnten fast lautlos; – „ja, ist dieser Übertritt denn nicht einmal ein Schwellenbewußtsein wert?“ fragte Harald Weinrich beim Konstanzer Literaturgespräch über ‚Deutsch als Wissenschaftssprache‘. (Weinrich 190ff., vgl auch im gleichen Band „Zur Einführung“, 18) Der Wechsel ist bisher kaum erforscht, und ich beschränke mich im Sinne unserer Frage auf nur wenige Anmerkungen. Es ist von vornherein zu vermuten, daß besonders empfindliche Sanktionen wirksam sein müssen, wo ein so überraschend schneller Sprachwechsel vor sich geht. Wie lauten sie?

---

6 Herr Osche hat seine Antwort in einem gemeinsamen Seminar mit Freiburger Biologen im Sommersemester 1988, „Der Einfluß der Umgangssprache auf die wissenschaftliche Terminologie und deren Rückwirkung“ vorgelegt; die Antwort von Herrn Frenzel verdanke ich einem Brief vom 4.1.1989; die Äußerung von Herrn Matthias fiel in einer Diskussion am Wissenschaftskolleg zu Berlin im Winter 1981/82.

Ich zitiere einige Sätze aus Tagungen, Gesprächen, Briefen:

„Die Spitzenforschung spricht englisch", hieß ein beim Konstanzer Literaturgespräch mehrfach wiederholter Satz; er ist nicht nur ein Indikativ, sondern zugleich ein rabiater Imperativ, der einen Umkehrschluß nahelegt.

„Als ich vor etwas mehr als 20 Jahren meine Dissertation in einer international führenden Zeitschrift veröffentlichte, gab es kaum eine Diskussion darüber, daß sie auf deutsch erscheinen sollte und konnte. Heute würde ich keine Originalarbeit, auf deren Inhalt ich großen Wert lege, anders als englisch publizieren, und jeder meiner Doktoranden muß und will sich mit englischen ‚Papers' ausweisen" (Markl 20).

In Fachzeitschriften oder auf Kongressen ist Englisch „obligatorisch" (Markl 22).

„Der Zwang, die Sprache der Naturwissenschaftler zu vereinheitlichen, hat automatisch der Mehrheit das Wort gegeben; also dem Englischen. Seit dem Zweiten Weltkrieg werden Ergebnisse, je wichtiger sie sind, desto dringlicher, englisch publiziert" (Wickler).

„Deutsch wird weniger verstanden und zwangsläufig weniger zitiert. Deutsch Veröffentlichtes steht immer in Gefahr, wenigstens vorerst vergessen zu werden" (Wickler 26).

„Man möchte doch auch im Ausland wahrgenommen werden und im Quotation Index stehen" (Ein Astrophysiker).

„Haben Forschungsergebnisse überhaupt Aussicht auf internationale Beachtung, wenn sie in Zeitschriften veröffentlicht werden, die nicht im Index Medicus und im Science Citation Index berücksichtigt werden?" (Lippert 40).

„Und ganz mies ist, daß mancher Kollege bei Gutachten erst einmal im Quotation Index nachsieht, ob der Betreffende häufig zitiert wird. Das kann aber nur über den großen englischsprachigen Raum geschehen" (Frenzel, Brief vom 4.1.1989).

„Hochspezialisierte wissenschaftliche Zeitschriften lassen sich bei Beschränkung auf den deutschen Sprachraum häufig nicht mehr kostendeckend herstellen" (Lippert 42; vgl. zu dem Thema dieses Abschnittes neuerdings Skudlik).

„Obligatorisch", „muß", „automatisch", „dringlich" – die Sprache des Zwangs herrscht vor. Die Überproduktion und der Wettlauf um Prioritäten, das Prestigegefälle, der Markt und der Quotation Index haben das Anglo-Amerikanische zu einem ersten wissenschaftlichen Selektionsfaktor werden lassen.

Deutsch ist in der Scientific Community zur unerwarteten Sprache geworden; sein Gebrauch ist Grund einer Apperzeptions-und Rezeptionsverweigerung.
Ich kehre zur Ausgangsfrage zurück:

Ist die Sprache ein selbständiger Faktor der Wissenschaftsgeschichte?

Von dem Blickwinkel dieses Beitrags aus gesehen: nein. Es gibt aber eine gewisse Selbständigkeit der Sprache; diese gewisse, gewisse im Sinn von ungewisse, Selbständigkeit versuche ich in acht Punkten zu fassen.

1. „Sprache" meint hier Sprachgebrauch. Im Sprachgebrauch der Wissenschaft oder einzelner Fächer konkretisieren sich soziale Normen, Übereinkünfte, die – vom Gebiet der internationalen Terminologie abgesehen – selten ganz starr gehandhabt werden. Sie lassen der Variabilität des Ausdrucks und der Mischung der wissenschaftlichen Diskurstypen und sogar der Sprachen einigen Spielraum.

2. Diese Normen treten oft erst in Erscheinung, wenn sie verletzt werden und die soziale Kontrolle einsetzt. In solchen Fällen gibt es die Neigung, nur noch die Sprache zu sehen, die Sprache wird zum Stein des Anstoßes, bevor der Inhalt wahrgenommen wird. Die Wahl der unerwarteten Sprache führt zur Apperzeptionsverweigerung; Apperzeptionsgewohnheit verhindert oder überblendet Rezeption.

3. Die Durchstoßung der Norm kann aber auch den umgekehrten Erfolg haben und eine neue Sprachtradition begründen. Nach einer Phase, in der man an der Sprache Anstoß genommen hat, fragt man ihren Inhalten nach und verleibt sie sich ein. (Die Wirkung der Psychoanalyse wäre dafür ein Beispiel.)

4. Für die Wahl einer wissenschaftlichen Sprache ist einerseits das intendierte Publikum – international oder national, Laie oder Forscher –verantwortlich; andererseits auch eine Auffassung von dem wissenschaftlichen Gegenstand. Im Anstoßnehmen dokumentiert sich nicht nur ein Konflikt rivalisierender Öffentlichkeiten, sondern auch das Bewußtsein, daß die Sprache an der Herstellung des wissenschaftlichen Gegenstandes beteiligt ist. Das gilt für die gegensätzlichen Diskurstypen Rhetorik und Poesie oder reine Wissenschaft, Spekulation oder Empirie wie auch für den Gegensatz Universalsprache und Nationalsprache. Sie alle haben gemeinsam, daß sie, auf je verschiedene Weise, sozial verankerte Gebrauchsvarianten sind.

5. Die Entscheidung für eine fremdsprachliche Gebrauchsvariante hat allerdings die größere Folgewirkung: An das gelehrte Latein war einerseits ein bestimmtes wissenschaftliches Paradigma, Denkstil, eine Spielregel der Wahrheitsfindung gebunden; andererseits stellte es die Folie dar, vor der eine deutsche Schriftkultur sich herausbildete. Die deutsche Wissenschaftssprache ist in vieler Hinsicht nicht

aus der mündlichen Sprachkultur hervorgewachsen, sondern im Bruch mit ihr, als Lehnbildung der lateinischen Schriftkultur. Auch das Anglo-Amerikanische bringt in vielen Disziplinen, man denke an die Rezeption der „modern linguistics" in den 60er Jahren, ein wissenschaftliches Paradigma mit; man beginnt zu erkennen, wie weit seine Wirkung auf die Gegenwartsprache reicht. Vermutlich wird es über kurz oder lang eine ähnliche Lehnprägende Bedeutung für das Deutsche haben, wie das Lateinische sie einmal gehabt hat. Das müßte sich verheerend auswirken, wenn die Scientific Community sich weiterhin auf eine wissenschaftliche Stummelsprache, das sog. „bad English", einigt.

6. Die Entscheidung für den poetischen oder streng wissenschaftlichen, bildungssprachlichen oder formalisierenden Diskurstyp ist vor allem dadurch folgenreich, daß diese Gattungen Ordnungsformen sind, von bestimmten Spielregeln geleitete Zugänge zur Realität. Die Wahl eines Sprachtyps bedeutet immer auch eine Gegenstandsbestimmung.

Auch die Wahl des Diskurstyps hat beträchtliche Konsequenzen:

Indem die Naturwissenschaften Poesie und Rhetorik zu ihren Widersachern erklären und die Tradition einer solchen Ausarbeitung der Natur ausklammern, verliert die Natur an Dimensionen, wird sie um ihre Ethik und Ästhetik verkürzt. – Und auf der anderen Seite fehlt es der außerwissenschaftlichen Naturbetrachtung an Disziplinierung durch die Sache. Unsere Literatursprache hat in diesen Bezirken weiträumige blinde Felder und hinkt dem wissenschaftlichen Bewußtsein hinterher.

Und weiter: Wenn die Naturwissenschaften die Gemeinsprache verabschieden, schwindet ihr Zusammenhang mit der allgemeinen Erfahrung, geht der gesellschaftliche Sinn ihrer Resultate u.U. gar nicht oder nur verspätet auf. Mit einer doppelten Verabschiedung, als Englisch und als formalisierte Sprache, verarmt die Gemeinsprache und bleibt hinter dem Erarbeiteten zurück. Wissenschaft entzieht sich der öffentlichen Phantasie und Debatte.

7. Der Wechsel der wissenschaftlichen Sprechweise ist daher nicht einfach Zeichen des Erkenntnisfortschritts, er bedeutet immer Gewinn und Verlust. Der wissenschaftliche Sprachgebrauch ist der institutionalisierte, vergegenständlichte Teil einer gesellschaftlichen Vereinbarung darüber, was als Wissenschaft zugelassen wird. Sein Wandel ist immer auch Teil einer sich wandelnden sozialen Konvention, der Übergang zu einem neuen Sprachgebrauch zieht neue Ansichten von einem Gegenstandsbereich und ein neues soziales Umfeld nach sich.

8. Normenverletzung und die ihr folgende Sanktion, bisher kaum ein Thema in der Sprachwissenschaft (vgl. Weinrich 9ff.), sind ein Indikator von Sprachgebrauchstraditionen. Wie sich eine neuere Sprachgeschichte im Spiegel der Sprachkritik schreiben ließe, so könnte man eine Geschichte der Wissenschaftssprache konzipieren, die von zeitrepräsentativen Regelverstößen und Sanktionen ausgeht. Sie könnte sich an bekannte oder unbekannte Namen heften, in jedem Fall würde sie die Geschichte im Subjekt verankern. Sie bietet die Möglichkeit, Sprachgeschichte als Geschichte konkurrierender und einander ablösender Textgattungen zu schreiben und sie dadurch gründlicher als bisher als Teil der Sozialgeschichte erkennbar werden zu lassen.

Literaturangaben

Barber, Samuel. „Der Widerstand von Wissenschaftlern gegen wissenschaftliche Entdeckungen." in Peter Weingart (Hg.) *Wissenschaftssoziologie 1: Wissenschaftliche Entwicklung als sozialer Prozeß*. Frankfurt a.M. 1973. 205-221.

Bell, Eric T. *Die großen Mathematiker*. Düsseldorf 1967. [*Men of mathematics*, 1937].

Blaser, Robert-Henri. *Paracelsus in Basel. Festschrift für Professor Dr. Robert-Henri Blaser zum 60. Geburtstag. Sieben Studien des Jubilars mit einem Geleitwort von Prof. Dr. Kurt Goldammer.* Hrsg. von der Schweizerischen Paracelsus-Gesellschaft. Muttenz/Basel 1979.

Du Bois-Reymond, Emil. *Gedächtnisrede auf Johannes Müller*. Abhandlungen der königlichen Akademie der Wissenschaften zu Berlin 1859. Berlin 1860.

Freud, Sigmund. *Gesammelte Werke I-XVII*. London 1940.

Goethe, Johann Wolfgang von.

—. *Werke Weimarer Ausgabe (Sophien-Ausgabe)*. Weimar 1887-1918.

—. *Goethes Schriften zur Naturwissenschaft (Leopoldina)*. Weimar 1947.

Heidelberger, Michael und Thiessen, Sigrun. *Natur und Erfahrung. Von der mittelalterlichen zur neuzeitlichen Naturwissenschaft*. Reinbek 1981.

Helmholtz, Hermann von. und Du Bois-Reynold, Emil. *Dokumente einer Freundschaft. Briefwechsel zwischen Hermann von Helmholtz und Emil Du Bois Reympond 1846.1894*. Bearbeitet von einem Herausgeberkollektiv unter Leitung von Chrsita Kirsten. Berlin (Ost). Studien zur Geschichte der Akademie der Wissenschaften der DDR.9. Berlin, 1986.

Hodermann, Richard. *Universitätsvorlesungen in deutscher Sprache um die Wende des 17. Jahrhunderts.*, Diss. Jena 1891, S. 7 ff.

Humboldt, Alexander von. *Ansichten der Natur*. Hrsg von Adolf Meyer-Abich. Stuttgart 1969.

Iltis, Hugo. *Gregor Johann Mendel. Leben, Werk und Wirkung*. Berlin 1924.

Krumbiegel, Ingo. *Gregor Mendel und das Schicksal seiner Entdeckung*. Stuttgart 1957.

Lepenies, Wolf. *Die Drei Kulturen. Soziologie zwischen Literatur und Wissenschaft*. München-Wien 1985.

Lippert, Herbert. „Englisch - neue Wissenschaftssprache der Medizin.“ in: Kalverkämper, Hartwig und Weinrich, Harald (Hg) *Deutsch als Wissenschaftssprache. 25. Konstanzer Literaturgespräch des Buchhandels*, 1985. Forum für Fachsprachen-Forschung. 3. Tübingen 1986.

Markl, Hubert. *Dasein in Grenzen: Die Herausforderung der Ressourcenknappheit für die Evolution des Lebens*. Konstanz 1984.

Mendelsohn, Everett. „Revolution und Reduktion. Die Soziologie methodologischer und philosophischer Interessen in der Biologie des 19. Jahrhunderts“ in: *Wissenschaftssoziologie 2: Determinanten wissenschaftlicher Entwicklung*. Hrg. von Peter Weingart, Frankfurt a.M. 1974. 241-261.

Olschki, Leonardo. *Geschichte der neusprachlichen wissenschaftlichen Literatur*. Bd. 1: *Die Literatur der Technik und der angewandten wissenschaften vom Mittelalter bis zur Renaissance*. Heidelberg 1919. Bd. 2: *Bildung und Wissenschaft im Zeitalter der Renaissance in Italien*. Leipzig - Firenze - Roma - Geneve 1922. Bd. 3: *Galilei und seine Zeit*. Halle/Saale 1927.

Paracelsus, Theophrast von Hohenheim, gen. *Sämtliche Werke*. Abt. 1: *Die medizinischen, naturwissenschaftlichen und naturphilosophischen Schriften*. 14 Bde. Hrsg. Karl Sudhoff. Berlin 1922-33.

Peuckert, Will-Erich. *Theophrastus Paracelsus*. Stuttgart und Berlin 3. Aufl., 1944, S. 140 ff., 151 ff.,161 ff.

Pörksen, Uwe. *Deutsche Naturwissenschaftssprachen. Historische und kritische Studien*. Tübingen 1986 (Forum für Fachsprachenforschung, Bd. 2), S. 45 ff.

Sander, Klaus. „Darwin und Mendel. Wendepunkte im biologischen Denken.“ in: *Biologie in unserer Zeit* 18, H6. S. 161-167.

Skudlik, Sabine. *Sprache in den Wissenschaften. Deutsch und Englisch in der internationalen Kommunikation*. Tübingen: Narr 1990.

Sudhoff, Karl. *Paracelsus. Ein deutsches Lebensbild aus den Tagen der Renaissance*. Leipzig 1936, S. 24-45.

Weinrich, Harald. *Wege der Sprachkultur*. Stuttgart 1985.

Wickler, Wolfgang. „Englisch als deutsche Wissenschaftssprache.“ in: *Zeitschrift für deutsche Philologie* 82. S. 44-63.

II. Grenzen der Wissenschaft

CHRISTOPH KÄHLER

Theologie im Haus der Wissenschaft?

Diese Vorlesungsreihe: „Wissenschaft – Woher? Wohin? Wozu?“ hat eine Reihe von Wegen und Abwegen der Wissenschaft, von exzentrischen Wissenschaftlern und sensationellen aber untauglichen Versuchen, Wissen zu gewinnen, dargestellt. Dies ist jeweils aus dem Abstand heutiger Wissenschaft und ihrer Erkenntnis geschehen.

Wir gehen dabei alle von den mehr oder weniger gesicherten Ergebnissen der Zunft aus. Wir wissen aber, dass solche Irrwege und Irrtümer des eigenen Faches auch in Zukunft nicht ausgeschlossen werden können, ja notwendiger Weise zum Forschen dazu gehören. Denn das vollzieht sich eben in Versuch und Irrtum.

Die Hörerinnen und Hörer dieser Vorlesungsreihe konnten sich über abstruse Vorstellungen und verrückte Ideen amüsieren. Das geschah unter der Voraussetzung einer plausiblen Gesamtsicht, die gewissermaßen aus einem scheinbar geschlossenen Haus der Wissenschaft heraus auf Gebiete blickte, die als Alchemie oder Astrologie heute keinen Raum im Hause methodisch strenger Wissenschaft beanspruchen dürfen. Zu ihrer Zeit aber galten sie durchaus als Fächer der Gegenwart und Zukunft.

Wenn ich heute über Theologie als Wissenschaft spreche, dann geht es um die Frage: Was darf, kann und muss unter dem Dach aller möglicher Wissenschaften aufgenommen und bedacht werden, und was nicht?

Dieser Prüfung ist eigentlich jedes Fach in Forschung Lehre zu unterziehen. Aber keine existierende Fakultät wird heute so in Frage gestellt wie die Theologische. Das unterscheidet das heutige Thema von den Vorträgen der vergangenen Abende, in denen Fakultäten über einzelne problematische Phänomene an sich anerkannter Fächer sprachen.

Denn die Frage, ob und wie die Theologie in den Kanon der universitären Fächer gehört, wird unter dem Diktat knapper Mittel und eines eingeschränkten Wissenschaftsbegriffs keineswegs unisono positiv beantwortet.

Dabei unterscheiden sich diejenigen gehörig, die der Theologie an der Universität (und darüber hinaus) die Sinnhaftigkeit und das Existenzrecht absprechen. Darum lohnt es sich einen Blick auf sie und ihre erheblichen Differenzen zu werfen.

Ich halte das auch deswegen für nützlich, weil auf solche Fragen und solche Argumente jeweils spezifische Antworten zu geben sind.

1. Anfragen an den Platz der Theologie im Hause der Wissenschaft

Ohne jeden Anspruch auf Vollständigkeit skizziere ich drei wesentliche Anfragen an die Theologie als akademische Disziplin.

(1) Wissenschaftlicher Atheismus

Als ich vor über 40 Jahren Theologiestudent in Jena war, gab es dort einen „Lehrstuhl für wissenschaftlichen Atheismus", den der Marxist Olof Klohr (1927–1994) seit 1963 inne hatte. Seine Aufgabe war eine doppelte: Er sollte das Phänomen der Religion im Sozialismus beobachten, ihr Absterben dokumentieren und zugleich dafür die einschlägigen marxistischen Argumente sammeln und womöglich den Sieg des atheistischen Sozialismus – durch wissenschaftliche Erkenntnis und ihre Popularisierung – befördern.

Neben den Studierenden der Sektion Marxismus-Leninismus gab es kaum eifrigere Hörer dieses Professors als uns Theologen, weil wir wissen wollten, welche Thesen er mit welchen Argumenten vertrat. Diese waren vor allem soziologischer Natur und methodisch öfter höchst zweifelhaft. Dabei war uns seine Hauptthese aus dem marxistisch-leninistischen Grundstudium bereits bekannt: Religion stellt danach ein grundsätzlich falsches Bewusstsein dar. Deswegen kann auch jede theoretische, jede scheinbar wissenschaftliche Bemühung auf dem Boden von Religion nur falsches Bewusstsein spiegeln. Da Religion ein Ausdruck entfremdeter Verhältnisse ist, wird sie mit allen ihren Begleiterscheinungen (also auch der Theologie) verschwinden, sobald die Ursachen der Entfremdung des Menschen beseitigt sind und die klassenlose kommunistische Gesellschaft errichtet ist.

Wer aber – wie diese Marxisten damals – verspricht, die Menschheit von allen Übeln zu heilen, gibt selbst ein totales, quasi-religiöses Versprechen ab und muss sich als politische Religion an die Stelle aller alten Religionen setzen. Er kann also selbst der Religion und ihrer selbstkritischen Beschäftigung bestenfalls aus taktischen Gründen einen Platz in der Universität einräumen, wie es die DDR anders als alle anderen sozialistischen Länder tat. In denen war die theologische Ausbildung künftiger Pastorinnen, Pfarrer und Priester an separaten kirchlichen, aber staatlich gegängelten Einrichtungen die Regel. Im Verbund mit den staatlich organisierten Studiengängen blieben allein hier im Osten Deutschlands sechs Fakultäten an ihren jahrhundertealten akademischen Orten bestehen. Ihnen traten allerdings weitere drei kirchliche Hochschulen an die Seite, an denen auch noch Menschen studieren konnten, die an Oberschulen und Universitäten zumeist aus politischen Gründen nicht zugelassen wurden.

Der Marxismus steht hier beispielhaft auch für andere Weltanschauungen, woher sie auch immer kommen. Wer eine andere Weltsicht und sei es eine areligiöse oder sogar antireligiöse vertritt, wird regelmäßig dagegen eintreten, dass die Theologie einen Platz im Haus der Wissenschaft erhält.

(2) Objektivierbarer Forschungsgegenstand

Zum Arsenal des Olof Klohr und seiner Mitstreiter in Jena gehörte zusätzlich ein Biologismus bzw. eine Art von Scientismus, der mit dem Verschwinden des Marxismus-Leninismus nicht vergangen ist. Danach ist von Wissenschaft nur dann zu sprechen, wenn sie einen nachweisbaren und objektivierbaren Gegenstand hat. Der „Gegenstand" aber der Theologie ist ja die kritische Prüfung der Predigt über Gottes Zuwendung zum Menschen bzw. ein angemessenes Reden von Gott. (Das gilt jedenfalls für den christlichen Glauben, der Europa geprägt hat. Andere Religionen wie der Buddhismus lassen sich so nicht auf diesen Nenner bringen.) Da Gott aber kein Objekt unter anderen nachweisbaren Objekten unserer Welt ist und nach dem Selbstverständnis der Glaubenden auch nicht sein kann, gibt es für die Theologie keinen in der Weise handhabbaren Gegenstand wie in anderen Wissenschaften. Mithin, so schließen manche, könne sie also keinen Platz im Haus der Wissenschaft beanspruchen. – Übrigens hatte das noch Kant sehr anders gesehen.

Ich füge zur Erläuterung hinzu, dass dieser Unterschied der Theologie zu allen anderen Wissenschaften keine neue Beschreibung ist, sondern sich bereits als Problem bei Thomas von Aquin (1225–1274) artikuliert findet, dem großen Theologen des 13. Jahrhunderts. Wir werden auf diese Besonderheit der Theologie zurückkommen.

An dieser Stelle möchte ich nur auf eine Tendenz aufmerksam machen, die weit über Marxisten und ihre Religionskritik hinausgeht.

Die Spitze dieser Art von Wissenschaftsverständnis endet nämlich nicht in der Ablehnung der Theologie allein. Sie findet sich nämlich mehr oder weniger versteckt in einem sehr spezifischen modernen Wissenschaftsverständnis bzw. einem seit mehreren Jahren aktuellen Streit zwischen den verschiedenen Wissenschaftsdisziplinen wieder. Eine dabei verdeckt oder offen vertretenen Hypothese kann man so zusammenfassen: Als objektive Wissenschaft ist nur das zu bezeichnen, was einen Gegenstand so objektiviert, dass er berechenbar, d.h. mathematisierbar gemacht wird. Nur das, was bis hinein in bildgebende Verfahren dargestellt, in Formeln gebracht und von einer subjektiven Perspektive abstrahiert werden kann, darf als Wissenschaft gelten. Es war kein Zufall, dass dieses Wissenschaftsverständnis eine besondere Attraktivität gerade für Marxisten hatte. Sie glaubten doch, dass in der Geschichte der Menschheit eine objektiv wirkende geschichtliche und berechenbare Entwicklung stattfinden werde. Viele – auch hierzulande – waren davon überzeugt: Diese müsse schließlich und endlich dazu führen, dass die quälenden Nöte der Menschheit in Zukunft vollkommen gelöst werden könnten. Dann werde gelten: Jeder wäre nach seinen Fähigkeiten tätig und hätte nach seinen Bedürfnissen Anteil am gesellschaftlichen Reichtum.

Nun hat sich die Erwartung als das erwiesen, was sie von Anfang an war, als unrealistische Utopie mit einem unrealistischen Menschbild, die auch mit viel Zwang und Terror nicht durchzusetzen waren. Damit waren und sind Versuche diskreditiert, historische Gesetzmäßigkeiten zu finden, die den naturwissenschaftlich entdeckten nahe kommen.

Heute findet eine ähnliche Auseinandersetzung zwischen Natur- und Geisteswissenschaften statt. Denn nicht sehr selten legen die Kolleginnen und Kollegen der exakten Naturwissenschaften ihre Maßstäbe an die mit Geschichte und Texten befassten Fächer an. Dann aber kritisieren sie, dass eine ähnliche Methodik und Disziplin in den so anderen Fächern nicht erreichbar ist. In ihnen haben immer auch die betrachtenden Subjekte sich selbst und ihre Positionen darzustellen, kritisch zu befragen und befragen zu lassen. Damit fließen in die wissenschaftliche Darstellung immer auch Momente der eigenen Entscheidung bzw. Verantwortung ein. Diese aber ist so stark von eigenen Wertungen und Überzeugungen abhängig, dass eine wertfreie, sich ausschließlich auf objektive Daten stützende Wissenschaft in diesem Teil des Hauses der Wissenschaft grundsätzlich nicht möglich ist. Selbst eine Liste von Jahresangaben historischer Ereignisse in einem Lexikon verdankte sich einer wertenden Auswahl und verriete damit die Perspektive des Autors.

Natürlich gibt es Versuche, diese Grenze zwischen Naturwissenschaften und Kulturwissenschaften wie auch zur Theologie zu überschreiten. Es gibt Untersuchungen, die mit neurobiologischen Methoden nach der Art und Weise wie dem Ort im Gehirn suchen, an dem sich religiöse Übungen beobachten lassen. Es scheint so, als ähnelten sich in dieser Betrachtung christliche Gebetsübungen und buddhistische Meditationen. Dem mag so sein. Aber das trägt ebenso wenig zur kausalen Klärung bei, wie die Behauptung mancher Hirnforscher, es gäbe keinen freien Willen. Denn sie hatten unbewusste Reaktionen auf Anweisungen beobachten und nachweisen können, bevor diese vom Probanden kognitiv erfasst waren. Dass aber ebendiese Forscher mit einem – in bestimmten Grenzen – freien Willen bei ihren Partnern rechnen, können Sie schlicht dem Umstand entnehmen, dass auch solche Forscher Förderanträge stellen und die Erwartung hegen, vernünftig begründete Entscheidungen zu erhalten.

(3) Methodische Zweifel

Einen dritte Form ist noch zu nennen, die den Platz der Theologie im Haus der Wissenschaft bestreitet. Diese Kritik kommt aus einer ganz anderen Richtung: von innen, also aus Gemeinden und Kirchen bzw. aus den Religionsgemeinschaften selbst. Sie richtet sich auf den methodischen Zweifel, der zu jeder Forschung – auch und gerade in der Theologie – gehört. Die Vertreter dieser Fundamentalkritik fürchten, dass diese Fragehaltung dem Glauben schädlich sei, ja ihn zerstören könne. Dafür gibt es die schlichten Beispiele von jungen Leuten, die vor dem Theologiestudium gewarnt werden, weil es ihren Glauben zersetze.

Aber auch auf sehr hoher Ebene finden sich immer wieder Auseinandersetzungen über einen angemessenen Gebrauch der wissenschaftlichen Vernunft, die durch die Aufklärung geprägt worden ist. Ein Beispiel bietet dabei die berühmte, vielfach angefeindete Rede, die Papst Benedikt XVI. in Regensburg 2006 gehalten hat. Wir verdanken dem Berliner Philosophen Volker Gerhardt eine Würdigung dieser Vorlesung, in der er den Papst auch vor ungerechtfertigten Angriffen in Schutz nahm und unverhohlene Gewaltdrohungen durch muslimische Würdenträger als die Erpressung charakterisierte, die sie waren. Gerhardt hat aber auch scharfsinnig das Missverständnis aufgezeigt, durch das der Papst – mit einem unkorrekten Kantzitat (Gerhardt 10.16) – eine Spaltung in eine verheißungsvolle alte und eine auf Abwege führende moderne Vernunft vorgenommen hatte. Dass Benedikt XVI. diese zerstörerische Entwicklung vorwiegend in der evangelischen Kirche diagnostiziert, könnte man, wenn man will sogar als Kompliment auffassen. Mindestens aber zeigt dieser Gedanke, dass auch zwischen den theologischen Fakultäten über einen angemessenen Gebrauch des vernünftigen Zweifels und der kirchlichen Selbstprüfung gestritten werden muss. Ich werde nun so vorgehen, das ich – sozusagen in umgekehrter Reihenfolge – zunächst die innere Notwendigkeit von wissenschaftlicher Theologie für die Glaubenden, also für Gemeinden und Kirche begründe. Sie ist in gewisser Weise unabhängig davon, ob auch andere diese Auffassung teilen und institutionell unterstützen. Theologisches Denken lässt sich auch in anderen Organisationsformen ausbilden als in denen einer Fakultät an einer staatlich finanzierten Universität. Zugleich ist dieser innere Grund eine Bedingung dafür, dass Theologie unter dem Dach der Universität überhaupt sinnvoll betrieben werden kann. Anschließend möchte ich die Sinnhaftigkeit gemeinsamer Bemühungen der sehr unterschiedlichen Disziplinen in der Universität beschreiben. Schließlich will ich in einem letzten Teil begründen, warum es angezeigt ist, dass verschiedene Grundüberzeugungen in einer Institution miteinander kommunizieren, ohne einen anderen Zwang als den des besseren Argumentes.

2. Der innere Grund für theologische Arbeit

Eine der bis heute prägenden Überlegungen, in welchem Sinne Theologie Wissenschaft ist, geht auf den Berliner Theologen Friedrich Schleiermacher (1768–1834) zurück. Dieser war einer der Mitgründer der Berliner Universität und hat sich weit über die Theologie hinaus wissenschaftlich engagiert und verdient gemacht. Er hat in seiner „kurzen Darstellung des theologischen Studiums" die Theologie als eine „positive Wissenschaft" definiert, d.h. einer Wissenschaft, die sich mit einer Gegebenheit befasst: „... deren Teile (sind) zu einem ganzen nur verbunden ... durch ihre gemeinsame Beziehung auf eine bestimmte Glaubensweise..." (Scholz 1) Kurz, die Praxis der Kirche, das Leben der Gemeinden, ist das Feld, mit dem sich die Theologie als kritische Theorie beschäftigt. Grundsätzlich hält er es für möglich und sinnvoll, dass jeder Glaube, wie immer er sich selbst versteht, im Laufe seiner Geschichte seine eigenen Geltungsansprüche überprüft, also eine eigene Theologie ausbildet.

Das ist insofern recht modern, als es ja heute zur aktuellen praktischen Herausforderung von Wissenschaftspolitik gehört, zu überlegen, wo und in welcher Form Religionslehrer für das Judentum oder den Islam in Deutschland wissenschaftlich ausgebildet werden können. Die eigene Religion und die aus ihr erwachsende Praxis kritisch zu prüfen, ist kein triviales Unternehmen!

Schleiermacher schreibt weiter: „Die christliche Theologie ist sonach der Inbegriff derjenigen wissenschaftlichen Kenntnisse und Kunstregeln, ohne deren Besitz und Gebrauch eine zusammenhängende Leitung der christlichen Kirche nicht ausgeübt werden kann" (Scholz 2). Das bedeutet: Theologie wird als positive Wissenschaft im Unterschied zu den „spekulativen Wissenschaften", wir würden sagen den rein theoretischen, ebenso durch ein Praxisfeld konstituiert wie es etwa in den beiden anderen alten Fakultäten, der Medizin und der Rechtswissenschaft, der Fall ist. Diese entwickeln dazu je nach dem Stand der Wissenschaft ein ganzes Arsenal von Methoden, die dieser Feldforschung und ihren Ergebnissen nützlich sind.

Die in der Theologie benutzten Methoden der Philologie, d.h. der wissenschaftlichen Textuntersuchung, der historischen Forschung, der philosophisch-systematischen und der humanwissenschaftlichen Forschung entsprechen den Methoden anderer Wissenschaften. Sie wurden – wissenschaftsgeschichtlich gesehen – häufig innerhalb der Theologie zunächst für deren Bedürfnisse entwickelt und wurden dann – weil sachgerecht – in anderen Fächern übernommen.

Ich gebe dafür nur zwei kleine Beispiele: Alle antiken Autoren sind naturgemäß nur handschriftlich überliefert. Keine Handschrift ist mit einer anderen deckungsgleich. Im Gegenteil: Oft unterscheiden sich die Handschriften ganz erheblich voneinander. Die Frage erhebt sich dann: Was könnte der den Handschriften vorausliegende ursprünglichere Text des Aristoteles, des religiösen Philosophen Pythagoras oder des Neuen Testamentes gewesen sein? Die Erfahrungen und Regeln, die wir zur Rekonstruktion des originalen Textes anwenden, sind zunächst für die Erforschung der Überlieferung des Neuen Testaments entwickelt worden, wurden später aber auch für ganz andere antike Schriften zum Erkenntnisgewinn eingesetzt.

Das zweite Beispiel: Die klientenzentrierte Gesprächstherapie wurde von Carl Rogers entwickelt und gehört heute zu den Standards in der Psychotherapie. Ursprünglich war aber Rogers zunächst Theologe und arbeitete bereits als Pfarrer. Dabei hatte er Erfahrungen in der Seelsorge gesammelt, die er dann in seiner Theorie und Praxis erweiterte und systematisierte. Sein Menschenbild hat den „Re-Import" seines Ansatzes in den kirchlichen Raum sehr gefördert – deutlich anders als die nicht ganz einfache, aber ebenfalls vollzogene theologische Auseinandersetzung mit der Psychoanalyse Freuds. Nun müsste man, um die Sachhaltigkeit der Schleiermacherschen Theorie zu überprüfen, die Kirchengeschichte durchsuchen, um zu belegen, dass er nicht nur seine eigene Theologie als Theorie der Gemeindeleitung bzw. der Kirchenleitung gut erfasst hat. Das kann hier nicht ausführlich geschehen. Ich beschränke mich auf wenige Stationen.

Ein erstes: Der christliche Glaube fragt: Was ist die Wahrheit, die mein Leben trägt und mein Handeln orientiert? Das war und ist unter verschiedenen Umständen nicht ohne weiteres klar. Darüber kam es häufiger zu Konflikten zwischen verschiedenen Verhaltensweisen, strengeren und liberaleren etwa. Diese Konflikte spiegeln sich schon in den Briefen des Paulus wieder. Er ist der erste Autor der jungen Christenheit, den wir kennen. Er wurde von den Gemeinden, die er selbst gegründet hatte, als Autorität angerufen und befragt. Nun hätte es für manche seiner Zeit- und Glaubensgenossen nahegelegen, schlichte autoritäre Entscheidungen ohne Begründungen mitzuteilen. So verhält sich Paulus genau nicht, sondern er debattiert – für antike Briefschreiber erstaunlich ausführlich – Gründe und Gegengründe für seine Ratschläge. (Das macht es für moderne Hörer nicht immer ganz leicht, seinen Briefen und ihren Argumentationen zu folgen.) Aber sie folgen einem Prinzip, das er im ersten Brief an die Korinther Kapitel 10 Vers 15 auf den Punkt bringt: „Ich rede doch zu verständigen Menschen; beurteilt ihr, was ich sage." Das ist einer der exemplarischen Belege dafür, dass sich von Anfang an der christliche Glaube sich als denkender Glaube verstanden und von daher sehr bald die Auseinandersetzung mit der griechischen Philosophie und den religiösen Bewegungen der Antike gesucht hat.

Als zweites hervorragendes Beispiel für die Strenge, mit der Theologie als Wissenschaft auch weiter entwickelt worden ist, wähle ich Thomas von Aquin. Er gehört zu denen, die sich durch die Neuerschließung wesentlicher Schriften des Aristoteles zu einer neuen Form der Theologie haben anregen lassen. Wie sein großer Lehrer Albertus magnus (1200–1280) nimmt er die – damals wieder entdeckten – naturwissenschaftlichen Anregungen des griechische Philosophen auf. Das stellte ihn vor die Herausforderung, das bis dahin herrschende mittelalterliche System christlicher Theologie zu überprüfen, das als einheitliche Quelle der Erkenntnis im wesentlichen die christliche Überlieferung kannte. Dabei gelang ihm eine positive Zuordnung von Vernunft und Glaube in der Unterscheidung von Natur und Gnade. Somit konnte die Natur auf die „Eigenwirklichkeit der Welt" (Kühn 8) hin untersucht werden. Das schuf einen Raum, in dem die mittelalterliche Universität mit ihren vier Fakultäten, den Theologen, den Juristen, den Medizinern und den Philosophen zur Keimzelle und Institution neuzeitlicher Wissenschaft werden konnte. Zugleich stellte Thomas in seiner theologischen Summe der Theologie die Aufgabe, streng logisch zu verfahren, alle Argumente und Zweifelsgründe präzise zur Kenntnis zu nehmen und keinen Autoritätsbeweis zuzulassen, nicht einmal den mit Bibelzitaten.

Noch einmal zurück zu Schleiermacher: Wie leistungsfähig ist seine Beschreibung der Theologie als christliche Selbstaufklärung und Grundlage der Leitung von Kirche? Meine persönliche Erfahrung ergibt dazu drei Gesichtspunkte:

Studium als Voraussetzung für die Praxis

Zum einen waren für mich die kritischen Fragen, die vertieften Kenntnisse und das wissenschaftliche Denken der Theologie unabdingbare Voraussetzung sowohl für die pastorale Tätigkeit als Pfarrer in Leipzig wie für das kirchliche Leitungsamt, das ich als Landesbischof in Thüringen auszufüllen hatte. Ich hätte weder mein Studium, noch die anschließende akademische Tätigkeit missen mögen. Lediglich durch „training on the job" wären die dort zu lösenden Aufgaben nicht zu bewältigen gewesen. Das gilt selbst dann, wenn man anerkennt, dass kein Studium der Welt in sich voll berufsqualifizierend sein kann. Es kommen auf Wissenschaftler in jeder möglichen wissenschaftlichen, wirtschaftlichen und kirchlichen Funktion eine Fülle von neuen Aufgaben zu, für die kein Lehrbuch die Lösung bereit hält. Doch die Stringenz des Denkens, das Hinterfragen und die Unterscheidungen, die Wissenschaft lehren kann, sind anders als durch ein Studium nicht zu erlangen und bewähren sich gerade auch in der jeweiligen Praxis.

Konstruktives Verhältnis zwischen Kirche und Fakultät

Zum anderen halte ich den institutionellen Abstand zwischen den Theologischen Fakultäten und den Kirchenleitungen insgesamt für hilfreich, weil sie sich so gegenseitig konstruktiv kritisieren können. Sei es, dass die Theologie Kirchenleitungen befragt, ob sie ihre Entscheidungen theologisch verantworten kann, sei es, dass die Kirchen die Hochschultheologen vor dem Elfenbeinturm scheinbar „reiner" Wissenschaft warnt. Die Unabhängigkeit der akademischen Kollegen schafft den Kirchenleitungen ein Gegenüber, das eine gewisse Ähnlichkeit mit dem Verhältnis von Politik und Politikwissenschaft hat. Sie werden sich gelegentlich an einander abarbeiten, auch über einander ärgern, sich aber in ihrer jeweiligen relativen Unabhängigkeit – glücklicherweise – zu nichts zwingen können.

Kritik an Kirche und Theologischen Fakultäten

Schließlich stelle ich auch aus der historischen Erfahrung des 20. Jahrhunderts ein Drittes fest: Eine Kirche, wie wir sie verstehen, ist auf die konsequente Frage angewiesen: Seid ihr noch bei eurem Ansatz geblieben? Entspricht euer Gottvertrauen noch den Erfahrungen und Erkenntnissen der Mütter und Väter im Glauben?

Schlimme Entgleisungen im Nationalsozialismus aber auch in DDR-Zeiten zeigen, wie notwendig eine solche selbstkritische Frage ist und bleibt. Sie muss gelegentlich auch gegen die Theologischen Fakultäten bzw. ihre Vertreter gerichtet werden (wie in allen anderen Fakultäten und Wissenschaftsinstitutionen auch). In einem solchen Notfall muss unter Umständen auch die Freiheit der Theologie mit anderen Mitteln gegen Hochschultheologen selbst bewahrt werden. Die Kirchlichen Hochschulen in Deutschland sind seit 1905 immer dann entstanden, wenn eine solche Gefahr an den staatlichen Fakultäten eingetreten war.

3. Theologie als Kritik des eigenen Orientierungswissens

Die These vom Absterben der Religion, wie sie die orthodoxen Marxisten vertraten, lässt sich heute weltweit keineswegs belegen. Im Gegenteil, manche sprechen bereits von der Wiederkehr der Religion und meinen damit nicht nur die hohe religiöse Imprägnierung der nordamerikanischen Gesellschaft im Unterschied zu einigen Regionen Europas, sondern verweisen auf unbestreitbare Elemente eines religiösen Wiedererwachsens in Lateinamerika, in Asien und auch in Staaten des früheren Ostblocks. Vor allem aber die Renaissance des Islam hätten frühere Soziologen und Religionswissenschaftler so kaum zu prognostizieren gewagt.

> Allein die messbare Zugehörigkeit zu den christlichen Kirchen beträgt derzeit über 70 % in Europa, über 80 % in den USA und über 90 % in Lateinamerika. Die stark zunehmende Ausbreitung des Christentums in China, Indien und großen Teilen Afrikas oder die Re-Christianisierung Russlands bedürfen theologischer Beobachtung und Interpretation. Mit den vitalen Pfingstkirchen und den charismatischen Strömungen brachte das 20. Jahrhundert die größte globale Frömmigkeitsbewegung der Menschheitsgeschichte hervor. Diese wird heute auf bis zu 500 Millionen Anhänger geschätzt. Diese Entwicklungen berühren mehr oder weniger direkt nicht nur das kirchliche Leben, sondern auch andere Dimensionen gesellschaftlicher Prozesse in den einzelnen Ländern Europas. (Kammer 9f.)

> Zum Teil steht die Renaissance der Religionen im Zusammenhang mit der Durchsetzung der globalen Weltwirtschaft und der Medienmacht, ihrer Wertesysteme und ihrer kulturellen (Erscheinungen) Embleme. Da diese Entwicklung von vielen Menschen als Bedrohung ihrer Identität erlebt wird, geraten die Religionen in solchen Kontexten oftmals auf die Felder der Identitätssuche und Identitätspolitik, auf denen man sich auf die Fundamente der eigenen religiösen Kultur zurückziehen will. (Kammer 10)

Um keine Missverständnisse aufkommen zu lassen: Diese Wiederkehr der Religion ist keineswegs überall so zu beobachten. In Ostdeutschland haben wir es nach wie vor mit den Langzeitwirkungen von langer staatlich-administrativer und intellektueller Kirchenfeindlichkeit zu tun. Die Mitgliedszahlen der evangelischen Landeskirchen und der katholischen Bistümer nehmen nach wie vor ab, auch wenn die demographischen Faktoren im Osten dabei die größte Rolle spielen.

Und ein zweite Missverständnis soll auch gleich ausgeräumt werden. Gleichzeitig mit dem Wiedererwachen religiöser Bewegungen – oft auch außerhalb der offiziellen Religion – treten Erscheinungen des Nationalismus, der Fremdenfeindlichkeit, der Segregation und der Legitimierung von Gewalt auf, die oft genug religiös überhöht oder legitimiert werden. Nun ist das keine Eigenheit allein von Kirchen und Glaubensgemeinschaften. Diese Gefahr besteht in allen Formen von Weltanschauungen. Gerade die politischen Religionen des 20. Jahrhunderts vom Nationalsozialismus bis zum Terror der Khmer rouge, vom Stalinismus bis zum Maoismus haben Millionen von Toten im Namen der höchsten Ideen gefordert. Es ist offenbar so, dass gerade tiefste Überzeugungen zur Begründung schlimmster Taten gebraucht und missbraucht werden. Ich kenne keine Weltanschauung, die frei von solcher Instrumentalisierung wäre. Die scheinbare Alternative, auf Weltanschauungen und ihre Verbreitung zu verzichten, erweist sich angesichts der Geschichte des 20. Jahrhunderts als allzu schlichter Holzweg. Der Mensch ist das Wesen, das nach einem größeren Zusammenhang seines Lebens sucht und diesen auf die eine oder andere Weise immer formulieren wird – das aber mit dem

Anspruch auf Geltung auch bei anderen Menschen. Zugleich ist und bleibt der Mensch das Problem des Menschen – unter anderem deswegen, weil der Mensch grundsätzlich dazu neigt, mit Hilfe Überzeugungen Macht auszuüben.

Was also kann hier helfen?

Ich meine, es hilft allein die klärende Reinigung der Überzeugungen. Die sollte jeder zunächst für sich durchführen. Für weltanschauliche Verbände oder religiöse Institutionen (nahezu jede Religion drängt schließlich zu einer organisatorischen Form) werden dazu Einrichtungen benötigt, in denen solche Klärung methodisch kontrolliert geschehen kann. Solche Klärungen dürfen aber in der heutigen Welt nicht im Ghetto und nicht allein in der eigenen Parallelwelt, sondern müssen im Dialog der Wissenschaften, der Religionen und Kulturen geschehen – so schwierig das auch ist.

Mir scheint der dafür hervorragend geeignete Ort, den wir nicht erst erfinden müssen, die Universität zu sein. Zwar können die Geistes- bzw. Kulturwissenschaften insgesamt nicht den Forderungen nach Exaktheit genügen, die ihnen ihre naturwissenschaftlichen Kollegen gelegentlich gern auferlegen möchten. Sie können auch nicht im Entferntesten den Forderungen nach Verwertbarkeit und Handhabbarkeit erfüllen, die in der heutigen Hochschulpolitik oft eine unheilvolle Rolle spielen. Aber sie stellen einen Raum für die Debatte im Haus der Wissenschaft bereit, in dem die Regeln des argumentativen Dialogs eingeübt sind und werden. Dass dabei unterschiedliche, sich oft auch widersprechende Ansätze zur Klärung verwendet werden, liegt in der Natur der Sache, d.h. in der universitas litterarum, in der verschiedene Selbstdeutungen, das ihnen zugehörige Orientierungswissen und ihre Geltungsansprüche oft genug nicht miteinander vereinbar scheinen. Ob sie es wirklich nicht sind, bedarf jeweils der logischen, d.h. methodischen Prüfung. Dabei werden nicht selten innerhalb der Geisteswissenschaften unterschiedliche Perspektiven, Deutungen und Positionen nebeneinander stehen bleiben und nicht ineinander überführt werden können. Gerade darum wird es aber wichtig sein, sie ins Gespräch, den Austausch, ja in den Diskurs miteinander zu bringen. Dabei ist nach Jürgen Habermas nur dann im eigentlichen Sinn von „Diskurs" zu sprechen, wenn verschiedene, sich u.U. ausschließende Geltungsansprüche aufeinander treffen und auf ihre Gültigkeit hin befragt werden können.

Darum fordert auch die mit ausgewiesenen Experten besetzte Kammer der Evangelischen Kirche in Deutschland für Theologie: Es kennzeichnet die Situation des religiös-weltanschaulichen Pluralismus, dass es keinen Standpunkt „über" den Religionen und Weltanschauungen gibt. Jeder Anspruch auf eine gleichsam neutrale, alle religiös und weltanschaulich gebundenen Deutungsperspektiven überschreitende Deutung der Religionen wird zur Anmaßung. Absolute Deutungshoheit erweist sich als Fiktion. Es gibt keinen „Blick von Nirgendwo" (Thomas Nagel), sondern nur die jeweils wechselseitig aufeinander bezogene, perspektivisch gebundene Interpretation des Anderen, aus der Perspektive der eigenen Tradition und Religionsgemeinschaft. Die Interpretation der religiösen Situation der Zeit, in der wir leben, muss sich im Horizont dialogischer Verständigung der unterschiedlichen Religionen und Weltanschauungen vollziehen.

Jeder Bezug auf Welt und Lebenswirklichkeit ist von der Perspektivität der (eigenen) Wahrnehmungen und Sichtweisen geprägt.

Die Bejahung des religiös-weltanschaulichen Pluralismus und die Fähigkeit zum interreligiösen Dialog ist unmittelbar davon abhängig, ob eine Religion dazu bereit ist, sich ihrer wissenschaftlichen Selbstprüfung zu unterziehen. So steht auch der Islam – in Europa inzwischen die stärkste religiöse Kraft neben dem Christentum – vor der Aufgabe, eine kritischselbstreflexive Theologie zu entwickeln.

Die christliche Theologie als Wissenschaft an der Universität ist ein aufschlussreiches Beispiel dafür, wie eine religiöse Deutungsperspektive die Methoden wissenschaftlicher Untersuchung – aus Gründen des Glaubens wie aus Gründen der Wissenschaft – in sich aufnehmen und im Diskurs der Wissenschaften vertreten kann. Sie leistet einen exemplarischen Beitrag zur Entwicklung der Deutungskompetenz von Religion und Weltanschauung in der Gesellschaft. Exemplarisch ist dieser Beitrag vor allem deshalb, weil die Theologie am Beispiel des christlichen Glaubens zeigen kann, wie die das Leben der Gesellschaft bestimmenden Basisorientierungen durch kritische Selbstreflexion im Dialog der Deutungs- und Handlungsperspektiven gegeneinander tolerant und füreinander transparent bleiben." (Kammer 11)

Ich halte diesen Ansatz, der auch für Muslime in Deutschland einen wissenschaftlich fundierten Religionsunterricht einschließt, für erfolgversprechender als ein Einheitsfach, das man Ethik oder Philosophie oder Lebenskunde nennen mag, das aber auch zu seiner Fundierung weltanschauliche oder religiöse Fundamente braucht, die ein allein staatlich verantworteter Unterricht nicht legen kann. Die rotrote Koalition im Lande Berlin meint mit einem solchen übergreifenden Fach besser zur ethischen Bildung der Schüler und zur Verhinderung des Missbrauchs von Religion beitragen zu können. Ich fürchte, dass kein einziger Ehrenmord dadurch verhindert wird, während ein reflektierter Unterricht in der eigenen Religion zwar auch keine Wunderwirkungen haben dürfte, wohl aber auf die Dauer Klärungen innerhalb der Religionsgemeinschaften fördern, bessere Akzeptanz bei religiösen Familien und Wirkung bei ihren Kindern erreichen kann. Erst dann, wenn Schüler unterschiedlicher religiöser Herkunft zunächst im geschützten Raum die eigene Überzeugung verbalisieren lernen, wird es dann auch Chancen geben, sich in einem Begegnungsfach gegenseitig das Eigene, dem anderen Fremde, zu zeigen und dazu auch mögliche Gemeinsamkeiten zu bestimmen.

4. Nachtrag: Eine Erinnerung an preußisch-pragmatisches Handeln

Ursprünglich war die katholische Priesterausbildung in Deutschland im Unterschied zu den Evangelisch-theologischen Fakultäten vor allem in kirchlichen Seminaren konzentriert. Dass angehende katholische Theologen zumindest drei Jahre an einer staatlichen Universität studiert haben mussten, ist einer preußischen Zwangsbestimmung zuzuschreiben, die auf Bismarck zurückgeht. Sie war Teil des Kulturkampfes, den der Reichskanzler führte und auf anderen Schauplätzen weithin verloren hat.

Immerhin, die Einrichtung der katholisch-theologischen Fakultäten ist geblieben und hat die wissenschaftliche Konkurrenz mit den evangelischen Fakultäten befördert und damit die Qualität der Forschung gegenseitig befruchtet. Die damit erleichterte Verständigung zwischen der katholischen und der evangelischen Kirche hat – trotz der gegenwärtig vorwiegenden kirchendiplomatischen Schwierigkeiten – zu einer erheblichen Klärung und teilweisen theologischen Annäherung geführt, die noch vor 100 Jahren undenkbar gewesen wäre. Ob Bismarck das gewollt hat, ist zu bezweifeln. Dass er aber Lehrer und Studierende der Theologie der frischen Luft der Universität aussetzen und sie in die Kommunikation auf dem jeweils gegenwärtigen akademischen Niveau einbeziehen wollte, das scheint mir auf der Hand zu liegen. Es tut Theologie und Kirche nicht gut, wenn sie an der wissenschaftlichen Debatte nicht teilnehmen. So wie es jeweils ein Anzeichen dunkler Epochen der Universitätsgeschichte war und ist, wenn die Theologie mit Zwang von den anderen wissenschaftlichen Disziplinen ferngehalten oder abgekapselt wird.

Der Professor für wissenschaftlichen Atheismus in Jena verlor übrigens seinen Lehrstuhl, nachdem er sich mutig einer öffentlichen Debatte mit einem Theologen gestellt hatte, aber deutliche Schwächen in der Argumentation zeigte. Die offene Diskussion war er nicht gewöhnt. Sein Lehrstuhl wurde ersatzlos eingezogen.

Literaturangaben

Evangelische Zentrale für Weltanschauungsfragen. „Marxistischer Atheismus und Christentum. Auf dem Wege zu einem Dialog?“ in: *Materialien, Information Nr. 14. II/1965*, EZW Stuttgart 1965. Web. <http://www.ekd.de/ezw/dateien/EZWINF14.pdf>.

Gerhardt, Volker. „Glauben unter den Bedingungen des Wissens“, in: *EKD-Texte 90: Die Bedeutung der wissenschaftlichen Theologie für Kirche, Hochschule und Gesellschaft. Dokumentation der XIV. Konsultation „Kirchenleitung und wissenschaftliche Theologie“*, Hannover: EKD 2007, 7-28.

Kammer der EKD für Theologie. „Die Bedeutung der wissenschaftlichen Theologie in Gesellschaft, Universität und Kirche. Ein Beitrag der Kammer der EKD für Theologie“ in: *EKD-Texte 104*, Hannover: EKD 2009.

Kirchenamt der EKD (Hrsg.). „Die Bedeutung der wissenschaftlichen Theologie für Kirche, Hochschule und Gesellschaft. Dokumentation der XIV. Konsultation „Kirchenleitung und wissenschaftliche Theologie“ in: *EKD-Texte 90.* Hannover: EKD 2007. Web. <http://www.ekd.de/download/ekd_texte_104.pdf>.

Klohr, Olof. „Atheismus und Religion in der DDR“ in: Günther Heydemann / Lothar Kettenacker (Hrsg.): *Kirchen in der Diktatur: Dittes Reich und SED-Staat.* Göttingen: Vandenhoeck 1993, 282-293.

Kühn, Ulrich. *Die Theologie im Konzert der Wissenschaften. Sitzungsbericht der Sächsischen Akademie des Wissenschaften zu Leipzig,* Bd. 137 Heft 4. Stuttgart/Leipzig: Hirzel 2000.

Reuter, Hans-Richard. *Theologie in der Universität. Dokumentation einer Tagung im Rahmen des Konsultationsprozesses „Protestantismus und Kultur“. Texte und Materialien der Evangelischen Studiengemeinschaft.* Reihe B , Nr. 27. Heidelberg: Forschungsstätte der Evang. Studiengemeinschaft 1999.

Scholz, Heinrich (Hrsg.). *Friedrich Schleiermachers Kurze Darstellung des Theologischen Studiums*. Erste Auflage 1811. Zweite Auflage 1830. Kritische Ausgabe mit Einleitung und Register (Quellenschriften zur Geschichte des Protestantismus 10). Leipzig: A. Deichert 1910.

Lothar Beyer

Alchemie – Wege und Irrwege zur Naturwissenschaft Chemie

Die Chemie ist eine Naturwissenschaft mit starkem Anwendungsbezug. Aus dieser Konstellation heraus hat sie sich seit ihren Anfängen durch praktisch-experimentelle Tätigkeiten entwickelt. Die dabei erhaltenen Erkenntnisse wurden zu Hypothesen verallgemeinert. Experimentelle Fertigkeiten wurden geübt, erforderliche Gerätschaften verbessert und die Palette der bearbeiteten Stoffe, ausgehend von Naturstoffen, ständig erweitert. Die Ergebnisse fanden besonders Anwendung im Hüttenwesen, in der Medizin, in der Töpferei und Färberei. Der *forschende Experimentator* ist die Schlüsselfigur in der Chemie und ihrer Vorläuferin, der Alchemie. Die bedeutenden Künstler ihrer Zeit haben deshalb mit ihrem Gespür für das Wesentliche den Alchemisten als den nach den Geheimnissen der Natur suchenden, chemisch-experimentell Arbeitenden dargestellt, unabhängig davon, ob er in einem bürgerlichen Laboratorium, in Armut lebend oder gar selbst als Kaiser, König oder Fürst alchemistisch hantierte.

Die Natur in ihrer unendlichen Vielfalt zu ergründen, zu entschlüsseln und die gewonnenen Erkenntnisse nutzbar zu machen, ist bis heute ein starkes, wenn nicht gar *das* Motiv für den Naturwissenschaftler. Es ist plausibel und nachvollziehbar, dass in den Jahrhunderten bis zur „Erleuchtung der Welt" in der Zeit der Aufklärung vorwiegend mystisch-religiös geprägte Vorstellungen vom Makro- und Mikrokosmos zur Deutung dieser zunächst chaotischen Vielfalt von Stoffen dienten und dienen mussten, vor allem zur Erklärung von innewohnenden Übernatürlichem bei Stoffen und ihren Reaktionen.

Je nach Betonung von einem der beiden Grundansätzen der Alchemie und frühen Chemie, dem forschenden Experimentieren oder dem mystisch-religiösem Einfluss, ist die Entwicklungsrichtung der Alchemie als Weg oder Irrweg bzw. Scheinweg zur Naturwissenschaft Chemie vorgezeichnet. Letztere hat Elmar Schenkel in seinem Buch *Die Elixiere der Schrift*, das sich mit der Reflexion der Alchemie in der Literatur befasst, in Anlehnung an Ernst Peter Fischer treffend als Nachtseite der Naturwissenschaften bezeichnet (S. 21).

Diese Problematik soll an Beispielen beleuchtet werden. Um sie besser einordnen zu können, ist es angebracht, vorab die Ursprünge der Alchemie ansatzweise zu betrachten.

Etymologien der Chemie, Gottheiten der Alchemie und theoretisch-mystische Fundamente

Etymologien und Ursprünge

Der Begriff Chemie rührt her vom ägyptischen *Km /Kmt*, das übertragen als „das Schwarze", auch „das Schwarze im Auge" und synonym mit dem alten Ägypten in der Bedeutung „Schwarzes Land" für das fruchtbare Land, umgeben von Wüstensand, zu deuten ist (Helck 915–920). Daraus leitet sich, charakterisierend die frühe Chemie in Ägypten, die „Kunst des schwarzen Landes" bzw. die *Schwarzkunst* ab. Eine andere Ausdeutung des Begriffs Chemie wird von *kmj.t* abgeleitet, mit dem ein umfassendes Kompendium für handwerkliche Tätigkeiten im alten Ägypten bezeichnet wurde, das von 1900–1200 v. u. Z. benutzt wurde. Weitere Etymologien betreffen Cham, einen Sohn Noahs, der die „geheime Kunst" über die Sintflut hinweg gerettet haben soll und Chymes, das Buch eines „Offenbarers", auf das sich der ägyptische Alchemist Zosimos (3./4.Jh.) bezog. Ägypten ist das Mutterland der Alchemie. Die hervorragende Heilkunst des „Schwarzen Landes" unter Verwendung chemischer Mittel wurde schon im *Papyrus Ebers* (16. Jh. v. u. Z.) demonstriert (Scholl 40/41). Eine weitere Herkunft des Namens wird dem griechischen χημεια in der Bedeutung „Metallguss, Verwandlung der Erze in Metalle, Kunst der Stoffwandlung" zugeschrieben. Dieser Begriff war im hellenistischen Alexandria ca. 300 v. u. Z. geläufig. Die Römer lösten 30 v. u. Z. das Reich der Ptolemäer in Ägypten ab, in dem Alexandria der Mittelpunkt von Wissenschaft und Kultur war. Im Jahre 641 wurde es von den Arabern erobert und dessen Kultur zusammen mit ihren eigenen kulturellen Traditionen verschmolzen. Die Araber setzten den Artikel „al" vor das griechische χημεια, woraus sich der Begriff Al-Khimia bildete. Die Araber eroberten im Jahre 711 Südspanien und begründeten ihre über Jahrhunderte währende Herrschaft im südwestlichen Europa. In der Blütezeit wurde das Kalifat von Cordoba/Madinat al Zhara um die Jahrtausendwende das Zentrum der Wissenschaften und der Fokus für die Ausbreitung der *Alchemie* über Italien/Frankreich nach Mittel- und Nordeuropa.

Gottheiten der Alchemie

Der mystisch-religiöse Einfluss auf die Chemie ist für den ägyptisch/griechisch-europäischen Raum, den wir betrachten wollen, bis ins 17. Jahrhundert hinein prägend gewesen, und besaß natürlich auch in weiteren, alten Kulturkreisen evidente Bedeutung. Die in Ägypten verehrten *Thot*, der Paviansköpfige, Gott der Weisheit und der Schrift, und dessen Schülerin *Isis*, die Gattin des *Osiris*, Inkarnation des Geheimnisses der Einen Natur, hielten die schützenden Hände über die Alchemisten und ihr Tun. Im hellenistischen Alexandria und in Griechenland selbst nahm der Götterbote *Hermes*, diese Funktionen ein, adäquat *Merkur* bei den Römern. Von den Alchemisten im übrigen Europa galt anerkannt und oft zitiert *Hermes Trismegistos*, der Dreimalgroße, als spezieller Schutzpatron der frühen Alchemisten bis über die Mitte des 2. Jahrtausends hinein. Daher leitet sich auch die Bezeichnung *Hermetische Wissenschaft* für die Alchemie ab. Hermes Trismegistos wurde als Urheber und Überbringer der geheimen Wisssenschaft der Botschaften etwa im Sinne eines Hohen Priesters oder Verkündigers der reinen Lehre angesehen. Da Kaiser Rudolph II. von Habsburg (1552–1612) in Prag als Schutzpatron für die Alchemisten seiner Zeit handelte, diese um sich scharte und sie finanziell und ideell förderte, wurde ihm der Beiname *Hermes Trismegistos Germanicus* gegeben.

Theoretisch-mystische Fundamente der Alchemie

Erste Ordnungsprinzipien der Stoffe gehen zurück auf Empedokles (483/82 –430/20 v.u.Z.), Platon (427–348/47 v.u.Z.) und Aristoteles (384–322 v.u.Z.) mit der Postulierung von vier konträren *Urelementen*, charakterisiert mit platonischen Körpern: Feuer (Tetraeder) – Wasser (Ikosaeder); Erde (Kubus) – Luft (Oktaeder), alchemistischen Symbolen und mit je Urelement zugeordneten zwei Grundeigenschaften (Feuer: heiß, trocken; Wasser: nass, kalt; Erde: trocken, kalt; Luft: heiß, nass), wovon ebenfalls je zwei konträr zueinander (heiß-kalt; nass-trocken) im *Aristotelischen Elementenviereck* stehen. So sind schon in den Anfängen die enge Verbindung von Materie und Form und ein in sich logisches Ordnungssystem angedacht. Bereits seit diesen ersten Vorstellungen einer strukturierten Materie wird als Verbindendes ein geheimnisumwittertes Zentrum, symbolisiert mit einem Dodekaeder, postuliert, das unterschiedliche Bezeichnungen wie *Quinta essentia*, *Vis vitalis* u.a. (siehe auch unten), erhielt, im inhaltlichen Verständnis damit jedoch weitgehend das Gleiche bedeutet. In der Begriffswelt der Alchemisten ist damit materialisiert der *Stein der Weisen* gemeint, auch *Lapis* genannt.

Von Beginn der Alchemie an wurde eine enge Beziehung zwischen dem Mikrokosmos (der Mensch und die ihn umgebende Natur auf der Erde) und dem Makrokosmos (Weltall, Sonne, Mond und die Planeten) postuliert. So ist erklärlich, dass diese Himmelskörper selbst und ihre Bahnbeziehungen zueinander auf die stoffliche Welt projiziert wurden. Dies gilt für die seit dem Altertum bekannten sieben Metalle, das sind Gold, Zinn, Quecksilber, Eisen, Kupfer, Silber und Blei, die sich im Inneren der Erde in gebundener Form oder, wie die edlen Metalle Gold und Silber, gediegen finden. Diese Metalle wurden nach Himmelskörpern benannt und mit entsprechenden Symbolen versehen. So korrespondieren Gold mit der Sonne, Silber mit dem Mond, Kupfer mit der Venus, Quecksilber mit dem Merkur, Eisen mit dem Mars, Blei mit dem Saturn und Zinn mit dem Jupiter.

Um den „Stein der Weisen" realisieren zu können, sollten demnach die Sterne günstig stehen. Ursprünglich waren dazu sieben, später nach George Ripley im Jahre 1471 zwölf alchemistische Verfahrensschritte erforderlich: 1. Calcination, 2. Dissolution, 3. Separation, 4. Konjunktion, 5. Putrefaktion; 6. Kongelation, 7. Kibation, 8. Sublimation, 9. Fermentation, 10. Exaltation, 11. Multiplikation und 12. Projektion. Das Große Werk (*Opus Magnum*) sollte, ausgehend von einem substantiell fassbaren Ausgangsprodukt, der *Prima materia*, gelingen. Die Endstufe des Procedere bildete die *chymische Hochzeit*, symbolhaft und oft bildlich in der Vereinigung von Sonne und Mond dargestellt.

Einen erheblichen Langzeiteinfluss auf die Entwicklung der frühen Alchemie hatte die *Tabula Smaragdina*, eine angeblich durch Hermes Trismegistos mit für die Alchemisten bestimmten fundamentalen Lehrsätzen beschriebene Tafel aus Smaragden, die bei ihrer Kenntnis zur Erlangung des Steins der Weisen führen würde. Die sich über Jahrhunderte hingezogene, ergebnislos verlaufene Suche nach ihr ist von Legenden umwoben. Der brasilianische Schriftsteller Paulo Coelho (*1947) hat die Suche nach der Tabula Smaragdina zum Gegenstand einer eindrucksvollen, sinnhaften Erzählung mit dem Titel *Der Alchemist* gemacht, und selbst Sir Isaac Newton (1643–1727) befasste sich eingehend damit.

Eine weitere mystische Grundlage der Alchemie bildete die *Kabbala*, eine aus der jüdischen Religionsgeschichte hervorgegangene Geheimlehre, die sehr früh aus Ägypten nach Spanien und Südfrankreich an dortige jüdische Gelehrtenschulen gelangte. Sie betrifft die Schöpfung und die sie regierenden Gesetze, deren Sinn sich in zusammenhängenden Zahlen und Buchstaben offenbaren soll bzw. deuten lässt und auch die Auslegung des Alten Testaments einbezieht. Für die sich mit Geheimnissen umgebende kabbalistische Alchemie war diese Zahlen- und Buchstabensymbolik höchst brauchbar.

Im 15./16. Jahrhundert wurden die Urelemente und die Metalle durch die wirksamen drei Substanzen (Prinzipien), das sind *Schwefel, Merkur* und *Sal* ergänzt. Die Substanzbegriffe Schwefel und Merkur/Quecksilber sind nicht identisch mit den chemischen Elementen Schwefel (S) und Quecksilber, sondern man verstand darunter elementare Wirkprinzipien oder Qualitäten. Allerdings besitzen nach der Vorstellung der Quecksilber-Schwefel-Theorie des arabischen Alchemisten Djabir, der auch als Dschabir oder Geber (730–810) in der Literatur bekannt ist, Quecksilber und Schwefel durchaus den chemischen Elementen ähnliche Eigenschaften. Schwefel als trockener, stinkender Geist und Quecksilber als Wassersilber (Hydrargium, Hg) sollten nach Djabir aktive Zwischenzustände bei der Bildung von Mineralien bzw. Metallen im Inneren der Berge bilden. Sal (Salz) wurde von Paracelsus (1493–1541) hinzugefügt, um das dreifache Wirken von Kräften im Kosmos, in Analogie mit dem Wirken des dreieinigen Gottes Vater, Sohn und Heiliger Geist, besonders auf die Realisierung des Lapis zu übertragen. Die drei Prinzipien bilden eine wesentliche Grundlage in der frühen Heilkunst, einem der ersten und bedeutendsten Wirkungsfelder der Alchemie, die sich zur *Iatrochemie* (von griech. iatreia = heilen) bzw. *Chemiatrie* vor allem durch Paracelsus entwickelte. Dessen Lehren wurde wesentlich von Oswald Croll (1560–1609) in seinem 1609 erschienenen Hauptwerk *Basilica chymica* weitergeführt.

Nach Paracelsus ist die Gesamturmaterie, der *Iliaster* (von hylos=Materie und astrum=Gestirn), in vier Elemente geteilt und mit drei Prinzipien ausgestattet. Aus dieser potentiellen Existenzform wird sie in die reale gelenkt und reguliert durch den *Archaeus*, das schöpferische, regulierende Wirkprinzip, das im Menschen Gesundheit und Krankheit steuert. Paracelsus platziert ihn mit den Worten: „Diser alchimist wonet im magen". Die ausführenden „Werkzeuge" des Archaeus sind Schwefel, der das Wachstum bestimmt, Salz, das Festigkeit und Härte bewirkt, und Merkur, der die seinserhaltende Funktion übernimmt (Jackwerth 323). Es kommt nun in der Heilkunde darauf an, die einzelnen Wirkkomponenten zu steuern, am besten durch ein Lebenselixier für die Medizin bzw. den Stein der Weisen.

Die Alchemisten suchten auf der Basis dieser genannten Lehren nach dem Stein der Weisen, synonym mit *Lapis Philosophorum, Großes Elixier, Quinta essentia, Aurum potabile, Tinktur, Ferment, Ultima Ratio, Roter Löwe*, den sie mit dem Opus Magnum, ausgehend von der Prima materia zu realisieren gedachten. In ihrer Vorstellung sollte es mit einem solchen wunderbaren Material (Stein, Elixier, Pulver; Flüssigkeit) möglich sein

- Transmutationen durchzuführen, vordergründig Gold aus anderen Metallen zu erzeugen
- in medizinischer Sicht ein universelles Heil- und Verjüngungsmittel, ein *Lebenselixier* herzustellen
- als Krönung des Großen Werkes einen *Homunculus*, ein menschenähnliches, androgynes, d. h. zwitterähnliches Wesen in der Retorte zu erzeugen.

Das Erreichen der gewünschten Ziele war an bestimmte Bedingungen, wie strenge Geheimhaltung des Procedere, astrale Einflüsse und religiöse Riten geknüpft. Die Durchführung verlangte vielfältige Operationen und chemische Reaktionen. Die drei Grundziele ließen sich bis heute nicht verwirklichen. Auf dem Weg dahin wurden jedoch Kenntnisse erlangt, die insgesamt die Naturwissenschaft Chemie in ihren Anfängen vorangebracht haben.

An dieser Stelle stehen wir an einer Gabelung, wo sich die Wege trennen und die Geister der Alchemisten scheiden – die einen gingen den mystisch bestimmten Irr- bzw. Scheinweg und die anderen den rationaler bestimmten, zweckgebundenen, experimentell dominierten Weg. Aus der Sicht des Autors ist dieser Scheideweg wohl am eindrucksvollsten bildlich im Kupferstich „Laboratorium-Oratorium“ von John Vredemann de Vries (1527–1604 /1623) aus dem Werk „Amphitheatrum Sapientiae Aeternae“ (Khunrath, H. 1595) des berühmten, in Leipzig geborenen Alchemisten Heinrich Khunrath (1560–1605), veranschaulicht (Beyer 59-63). Auch die Kunst soll nach Khunrath, wie das Bild zeigt, einen weiteren magischen Zugang zum „Geheimnis“ eröffnen. Wohl auch deshalb haben die bildenden Künstler jener Zeit die Alchemisten und ihre Laboratorien als Sujets gewählt. Am Prager Hof des Alchemistenkaisers Rudolph II. sammelten sich um die Wende vom 16. zum 17. Jahrhundert zusammen mit dem Leipziger Heinrich Khunrath bekannte und berühmte Alchemisten beider Gattungen, angesehene Wissenschaftler, Künstler, Scharlatane und Goldmacher, so John Dee (1527–1608) und Edward Kelley (1555–1595/97) aus England, Lazarus Ercker (1529–1594) und Hanns Ullmann der Ältere (1539–?) aus Annaberg, Oberstburggraf Wilhelm Rosenberg (1535–1592) und Thadäus Hajek (1525–1600) aus Prag, Tycho de Brahe (1546–1601), Johannes Kepler (1571–1630) und Giordano Bruno (1548–1600) aus Rom, Jan Vredemann de Vries aus Hamburg, Christoph von Hirsch(en)berg aus Meißen u.a.

Beide Richtungen der Alchemie wurden auch vom römisch-deutschen Kaiser Leopold I. (1658–1705), von König August dem Starken (1670–1733), Landgraf Moritz von Hessen-Kassel (1572–1632) und anderen Fürsten durch Unterhaltung eigener Laboratorien und eigenhändiges Laborieren unterstützt. Sie förderten die Adepten, um Reichtum zu mehren und Seelenheil zu erlangen. Beachtenswerte Laboratorien wurden auch in Klöstern eingerichtet, wo besonders Beiträge zur Iatrochemie erbracht wurden. Berühmt geworden ist der unter einem Pseudonym bekannte Benediktinermönch Basilius Valentinus (Johannes Thölde) der zu Beginn des 15. Jahrhunderts in Erfurt gelebt haben soll.

Scheinwege der Alchemie: Betrügerische Goldmacher, Quacksalber und Rosenkreuzer

Vordergründig ging es um die Transmutation (Umwandlung) von Metallen in Gold, das mannigfaltige Experimente veranlasste und natürlich Betrüger auf den Plan rief. Die Bezeichnungen Alchemist und Goldmacher wurden sogar synonym gebraucht. Der Gedanke der Transmutation lag deshalb nahe, weil die Eigenschaften wie metallischer Glanz und große Dichte bekannter Metalle wie Blei, Silber und Kupfer oder deren Legierungen und das bei Normaltemperatur flüssige Quecksilber dazu herausforderten, ihnen die Eigenschaften von Gold, dem König der Metalle, zu geben bzw. dies in Gold umzuwandeln.

Eine Praxis war, durch Behandlung metallisch glänzender Stoffe mit Säuren bzw. sauren Säften scheinbar Gold zu erzeugen, wie dies nach dem in Europa nicht bekannten Vorbild aus der Mochica-Kultur im Norden Perus vor 1700 Jahren längst bekannt war (Katalog 2000/01). Dort wurde eine Kupfer-Gold-Legierung (Tombak, spanisch tumbaga) mit einer sauren Beizflüssigkeit behandelt, die aus der Oberfläche Kupfer herauslöste. Die so mit Gold angereicherte Oberflächenschicht wurde anschließend poliert, wobei der Glanz reinen Goldes zum Vorschein trat. Um 1980 wurden so behandelte Kultgegenstände aus dem Grab des Señor de Sipan geborgen und analysiert. In ähnlicher Weise hatte der Alchemist Johannes Wenzel Seyler von Rheinberg für Kaiser Leopold I. spektakulär durch eine am 15. November 1677 „geglückte“ Transmutation einer Gold-Silber-Kupfer-Legierung mit einem Goldanteil von 47% durch Behandlung mit verdünnter Salpetersäure ein „goldenes“ Erinnerungsmedaillon gefertigt (Soukup 2007). Eine der peruanischen Vorschrift ähnliche zur Vortäuschung von Gold als beschichtete Legierung ist zeitgleich im *Leidener Papyrus* aus dem 3. Jahrhundert beschrieben. Er wurde 1828 im Gräberfeld von Theben/Ägypten gefunden. Danach wird Kupfer mit einer gummiartigen Masse bestrichen und eine Mischung aus Gold- und Bleistaub aufgetragen, anschließend geglüht und dieser Prozess mehrmals wiederholt. Die gummiartige Masse wird oxidiert und verflüchtigt sich. Zurück bleibt eine Goldschicht, die dem Probierstein standhält (Volke 470).

Dass Quecksilber auch hilfreich für Transmutationen sein könnte, war daraus zu schließen, dass es mit Gold eine Legierung (Amalgam) bildet, aus der sich durch Verdampfen des Quecksilbers das Gold rückgewinnen lässt. Dieser Amalgam-Prozess ist schon seit Vorzeiten genutzt. Darüber berichteten schon Gajus P. Secundus Plinius der Ältere (23–79) und der legendäre Zosimos unter der Bezeichnung Feuervergoldung.

Wegen der zu Nervenschäden führenden Quecksilber-Vergiftungen war dieser Anquick-Prozess, von Johann de Cordoba 1588 so bezeichnet, berüchtigt. Ein prominentes Opfer solcher Versuche war der Alchemistenkaiser Rudolph II. selbst.

Eine andere Zielversion bestand in der begründeten Aussicht, durch Animpfen eines Stoffes mit wenig Gold, sozusagen als Katalysator bzw. Kristallisationskeim, den gesamten Stoff in Gold umzuwandeln. Ermutigt wurden die Alchemisten dazu durch die den Chemikern von heute unter dem Begriff Zementation bekannten Erscheinungen: Aus einer Metallsalz-Lösung wird bei Hinzufügen eines unedleren Metalls das edlere Metall aus der Lösung in elementarer Form abgeschieden. Die eigenartige Form der Abscheidungen erinnerte an Pflanzen- oder lebewesenähnliche Gebilde, die Aussichten zur künstlichen Schaffung eines Homunculus nährend. Der junge Johann Wolfgang von Goethe (1749–1832) begeisterte sich kurz nach seiner Leipziger Studienzeit von 1765 bis 1768, angeregt durch eine enge Bekannte der Familie Goethe in Frankfurt, Fräulein Susanna Katharina von Klettenberg (1723–1774), sowie euphorisiert durch die wundersame „alchemistische Heilung" seiner beinahe tödlich verlaufenden Halsgeschwulst an alchemistischen Experimenten. Goethe schrieb 1785 an einen Freund „In meiner Stube keimen Arbor Dianae und andere metallische Vegetationen ..." (Krätz 1994, 4). Das sind baumähnliche Kristallisationen des metallischen Silbers aus wässerigen Silbersalzlösungen an Eisendrähten. Ein beliebter aktueller Vorlesungsversuch in der chemischen Experimentalvorlesung ist der Bleibaum, bei dem aus einer Bleisalzlösung an Eisennägeln ein verzweigtes Geäst aus metallischem Blei entsteht. Ein weiterer, von Goethe fälschlich als metallische Vegetation bezeichneter, ist der von ihm experimentell verifizierte Marsbaum, der erstmals vom Franzosen Nicolas Lemery im Jahre 1707 beschrieben wurde: Eisen(III)-chlorid-Kristalle werden in eine Wasserglaslösung eingebracht. Es bildet sich Eisensilicat in Form einer semipermeablen Membran, durch die Wasser von außen eindiffundiert, wobei weiteres Eisen(III)-chlorid gelöst wird. Das Produkt bläht sich als eigenartig geformtes Gebilde auf. Der Vorgang wiederholt sich, bis die Kristalle aufgebraucht sind (Schwedt 17; Krätz 2006, 26). Die Bezeichnung als Marsbaum erklärt sich durch die oben genannte alchemistische Verwandtschaft von Eisen zum rötlichen Mars. Bekanntlich verarbeitete Goethe solche alchemistischen Anregungen literarisch. In *Faust II* lässt er Famulus Wagner in der Laboratoriumsszene sagen:

> „Es leuchtet! seht! nun lässt sich wirklich hoffen,
> Dass, wenn wir aus viel hundert Stoffen
> Durch Mischung – denn auf Mischung kommt es an –
> Den Menschenstoff gemächlich komponieren,

In einem Kolben verlutieren
Und ihn gehörig kohobieren,
So ist das Werk im Stillen abgetan.
Es wird! Die Masse regt sich klarer! ...
Was man an der Natur Geheimnisvolles pries,
Das wagen wir verständig zu probieren,
Und was sie sonst organisieren ließ,
Das lassen wir kristallisieren...
Das Glas erklingt von lieblicher Gewalt,
Es trübt, es klärt sich, also muss es werden!
Ich seh' in zierlicher Gestalt
Ein artig Männlein sich gebärden. (Goethe *Faust II,* Laboratorium)

Die Goldmacher nahmen meist ein bitteres Ende, weil der Betrug früher oder später offenbar wurde. Sie verarmten, mussten fliehen, landeten im Kerker oder wurden gar hingerichtet am Galgen, wie 1709 Don Dominico Emanuele Cajetano in Küstrin. Noch bis in unsere Zeit machen Goldmacher in ihrer Sucht nach Erlangung von Reichtum von sich reden. Als Beispiel sei Franz Tausend (1884–1942) genannt, der in einer völkisch-nationalen, 1925 gegründeten *Produktgesellschaft 164* unter Leitung von General Erich Ludendorff, „Kunstgold" in großem Stil herstellen wollte und natürlich scheiterte (Priesner 214-223). Im übertragenen Sinne sind heute Finanzmanager mit faulen Börsenpapieren ebenfalls betrügerische Gold- bzw. Geldmacher.

Allerdings gab und gibt es auch seriöse Ansätze: So wurde im Oktober 2009 von Professor Dietrich Nies aus der Martin-Luther-Universität Halle berichtet, dass durch den Einfluss des Bakteriums Cupriavidus metallidurans die Biomineralisation von Gold gefördert wird. In Anwesenheit des Bakteriums auf Gold-Nuggets in australischen Gewässern werden diese größer. Das eröffnet eventuell eine Perspektive, aus goldarmen Lösungen biotechnologisch Gold zu gewinnen. Die Goldgewinnung aus Meerwasser war auch ein umfangreiches Forschungsprojekt von Nobelpreisträger Fritz Haber (1868–1934) zwischen 1922 und 1927, das sich technisch aber nicht umsetzen ließ.

Während die Alchemisten-Goldmacher ihr Tun und ihre Rezepturen geheim hielten bzw. verschleierten, wie dies auch die Weinpanscher bevorzugen mussten – erinnert sei an Albrecht Dürers Holzschnitt „Der Alchimist" in Sebastian Brants Bestseller *Das Narrenschiff* aus dem Jahre 1494 – suchten im Gegenteil dazu Quacksalber und Wunderheiler die Öffentlichkeit, weil sie ihre Tinkturen und Wundermittel dem Publikum offerieren konnten und zudem noch zur Unterhaltung, allerdings weniger zur Bildung, beitrugen. Goldmacher, Quacksalber und die den Stein der Weisen Suchenden wurden oft in volkstümlicher Redensart verspottet: „Was die Alchemisten suchen, das finden sie nicht, und was sie haben, das verlieren sie“ oder: „Goldmachen wäre die beste Kunst, wär nicht alle Müh’ umsunst“ (Schramm 111). Trotz vieler Irrwege lieferten sie mit ihren Experimenten wertvolle Beiträge zum Gesamtgebäude der frühen Chemie. Der Hamburger Alchemist Henning Brand entdeckte 1669 das chemische Element Phosphor beim Versuch, Gold aus dem goldgelben Urin durch Eindampfen und nachfolgendes Glühen des trockenen Rückstandes unter Luftabschluss zu erhalten. Er erhielt kein Gold, sondern wegen der Reduktion des im Urin enthaltenen Natriumammoniumhydrogen-phosphats, NaNH4HPO4, durch Kohlenstoff weißen Phosphor, der bei Zutritt von Sauerstoff im Dunkeln leuchtet

Andere Alchemisten hingegen verschrieben sich völlig der religiösen Mystik und betätigten sich in sektenartigen Geheimgesellschaften. Die legendäre geheime Bruderschaft der *Rosenkreuzer* geht auf den verarmten deutschen Adeligen Christian Rosenkreuz (1378–?) zurück. In die mystische Gedankenwelt zur zyklischen Wiederkehr allen Geschehens, zur Transmutation der Seele sowie den Glauben an die wahren Wohltaten der Alchemie gingen Vorstellungen von John Dee und Heinrich Khunrath ein. Die Gesellschaft der Rosenkreuzer ist bis heute tätig. Man findet zuweilen ihre Plakate mit Vortragsankündigungen, z. B. über die chymische Hochzeit, an Litfass-Säulen in Leipzig, Madrid und anderswo.

Rationale Wege von der Alchemie zur frühen wissenschaftlichen Chemie

Die Entwicklung von der Alchemie hin zur frühen, wissenschaftlichen Chemie, der *Chymie*, und weiter zur Wissenschaft Chemie lässt sich eindrucksvoll an den Leistungen von wenigen ausgewählten Persönlichkeiten im mitteldeutschen Raum aufzeigen. Einen bedeutenden Beitrag leistete der in Halle um 1550 geborene Alchemist Andreas Liebau, latinisiert genannt Libavius (1540–1616), der im gleichen Zeitraum wie Heinrich Khunrath an der Universität Basel Medizin studiert hatte und 1616 als Gymnasialdirektor in Coburg verstarb. Mit seinem Buch *Alchymia-Comentarii*, das 1595 erstmals in Frankfurt erschien, setzte er theoretische Maßstäbe der frühen Chemie. Er definierte: Die Alchemie hat zwei Teile und zwar

1. Über die Arten der Arbeiten (Encheirese) und
2. Anfertigung der chemischen Präparate (Chymia).

Unter 1. verstand er die Erklärung zur Anwendung der chemischen Gerätschaften (ergalia), die Anwendung von Wärme und Feuer (pyromania) und eine Vielzahl chemischer Operationen (regimina). Unter 2. verstand er die Vorbehandlung der zu bearbeitenden Stoffe (de magisteriis), die Extraktion zur Gewinnung reiner

Stoffe (de extractis) und die Zusammensetzung solcher so gewonnenen „reinen“ Stoffe zu (species composita). Die Auflistung und Erläuterung der chemischen Gerätschaften ist wohl erstmalig umfassend und sehr konkret. Andreas Libavius distanzierte sich jedoch noch nicht von der Tabula Smaragdina und ihren mystischen Lehrsätzen, trotzdem sang er der Alchemie das Grablied, wie 1869 der Chemiehistoriker Gottlieb Latz schrieb.

Wesentliche Beiträge zur frühen Chemie wurden im Erzbergbau und in der Medizin erbracht. Auf die bedeutenden Ergebnisse in der Porzellanherstellung vor 300 Jahren durch Johann Friedrich Böttger (1685–1719) und Ehrenfried Walther von Tschirnhaus (1651–1708) in Meißen sowie in der Herstellung von Goldrubinglas durch Johann Kunckel von Löwenstern (1630–1703) in Dresden und Potsdam oder bei der Entwicklung von Feuerwerksmaterial u. a. sei hier nur hingewiesen.

Beiträge aus Erzbergbau und Hüttenwesen

Georg Pawer, latinisiert Georgius Agricola (1494–1555), Student an der Universität Leipzig von 1514 bis 1518 und Begründer der Montanwissenschaften, Arzt in der alten Bergstadt Joachimsthal (Jachymov), die später weltbekannt wegen der Entdeckung des radioaktiven Radiums 1898 durch das Ehepaar Marie Curie (1867–1934) und Pierre Curie (1859–1906) wurde, Bürgermeister in Chemnitz, leistete Bahnbrechendes, indem er die Vorgänge der Prospektierung, Erzgewinnung und Erzaufbereitung besonders in seinem 1556 erschienenen Werk *De re metallica* (Agricola 1556) detailliert beschrieb und die ablaufenden chemischen Prozesse, unterstützt durch informative Holzschnitte, charakterisierte.

Im Jahre 1980 wurde das umfangreiche Inventar eines 1596 anscheinend fluchtartig verlassenen hüttenchemischen Laboratoriums in der Sakristei der 1310/20 erbauten Kapelle des Domstifts Oberstockstall am Kirchberg/Niederösterreich in einer wahren „Fundgrube“ entdeckt. Es ist von beachtlicher Authentizität mit der Ausrüstung der hüttenchemischen Laboratorien im 16. Jahrhundert. Aus den Chemikalienresten in den gebrauchten Schmelztiegeln, Alembiken, Phiolen u. a. konnte man mit den heute zur Verfügung stehenden modernen Methoden der Analytik nachvollziehen, mit welchen Stoffen und in welcher Weise in den Hüttenlaboratorien experimentiert wurde (Soukup 1997).

Um 1529 wurde Lazarus Ercker in der alten Bergstadt Sankt Annaberg geboren (Kubatova). Seine Bedeutung als ernstzunehmender Wissenschaftler für die Entwicklung der frühen Chemie ist im Vergleich zur Leistung des Universalgelehrten Georgius Agricola meist weniger allgemein bekannt. Lazarus Ercker besuchte die Lateinschule in Annaberg, studierte in Wittenberg, wurde 1550 Wardein (Münzprüfer) in Annaberg, wirkte ab 1556 als Generalprobationsmeister am Hofe von Kurfürst August (1526–1586) in Dresden, dann erneut als Wardein in Annaberg, Goslar, Joachimsthal und Kuttenberg, 1577 als Oberstbergmeister von Böhmen. Er wurde 1586 durch Kaiser Rudolph II. als Ercker von Schreckenfels geadelt und 1591 zum Oberstmünz- und -bergmeister befördert. Er starb 1594. Lazarus Ercker ist der Begründer der *Dokimasie*, der Probierkunde. Im heutigen Sinne war dies die (quantitative) analytische Chemie der Metalle der damaligen Zeit im Hüttenwesen. Lazarus Ercker folgte dem Leitspruch: „Erst probs, dann lobs". Die Probierkunde war zugleich die Übertragung großtechnischer Arbeitsweisen in den Labormaßstab. Durch schnelle und relativ unaufwändige Untersuchungen an kleinen Rohstoffproben sollten Metallgehalt, Abbau- und Schmelzwürdigkeit der Erze erkundet und danach die jeweils beste Verarbeitungstechnik und schließlich die Qualität der Produkte, z. B. der Münzen, ermittelt werden. Lazarus Ercker folgte der klaren wissenschaftlichen Logik, dass der Rohstoffcharakter den Verhüttungsweg bestimmt und leitete daraus die systematische Charakterisierung der Erze ab. Dass die Arbeit eines solchen Chymikers oder Probierers eine außerordentlich verantwortungsvolle war, steht außer jedem Zweifel. In Form einer Arbeits- und Rezeptanleitung schrieb Lazarus Ercker seine Erfahrungen und die seiner Vorgänger mit der Referenz an diese im *Großen Probierbuch* nieder: „Das Probiren ist gar eine herrliche alte nützliche kunst / etwan vor gar langen zeiten / durch die Alchimian...erfunden". Die Erstausgabe erschien 1574 in Prag unter dem Titel *Beschreibung Allerfürnemsten Mineralischen Ertzt und Berckwercksarten...* Danach erlebte es zahlreiche weitere Auflagen unter dem Titel *Aula subterranea alias Probierbuch Herrn Lazari Erckers* (Aula subterranea = unterirdische Hofhaltung), die in die englische Sprache übersetzt wurden. Über 170 Jahre lang war es Standardwerk der Hüttenchemiker (Ercker 1580). Das Werk besteht aus fünf systematisch gegliederten Kapiteln (Büchern), deren Inhaltsangaben von Ercker wie folgt eingeleitet werden:

> Das erste Buch berichtet von den Silbererzen, wie sie an ihrer unterschiedlichen Gestalt zu erkennen sind... Das zweite Buch beschreibt, wie die Golderze zu erkennen, zu rösten, anzusieden und zu probieren sind... Das dritte Buch beschreibt die Kupfererze... Das vierte Buch behandelt, wie die Bleierze auf Blei zu probieren sind... Das fünfte Buch beschreibt die Salpetererde, ihre Eigenschaften....

Ein praktisch-konkretes Beispiel daraus, das noch heute in Hüttenlaboratorien angewandt wird, ist die Prüfung der Erze auf den Gold- und Silbergehalt: Die Probe wird mit flüssigem Blei behandelt und unedle Metalle und mineralische Gangart werden unter Verschlackung abgetrennt. Im abgekühlten Bleiregulus sammeln sich Gold und Silber an, anschließend wird im Treibprozess (Kupellation) das

Blei bei hoher Temperatur zu Bleiglätte, das ist Bleioxid, oxidiert und nach dessen Abtrennung das Silber durch Scheidewasser (Salpetersäure) gelöst. Das verbliebene Gold wird ausgewogen. Die große Wertschätzung, welche Bergbau und Probierkunde mit den Bergleuten und Hüttenchymisten aus naheliegenden Gründen in Sachsen von höchster Stelle zuteil wurde, widerspiegelt sich im barocken Planetenfest, das August der Starke im Jahre 1719 einen Monat lang aus Anlass der Vermählung seines einzigen legitimen Sohnes Friedrich August II. (1696–1763) mit der österreichischen Erzherzogin Maria Josepha im Plauenschen Grund bei Dresden gab. Im großen Umzug im Rahmen des Saturnfestes wurden relevante allegorische Darstellungen aus dem sächsischen Erzbergbau und der Hüttenchemie mitgeführt und die fürstliche Tafel war mit entsprechenden Nachbildungen geschmückt.

Etwa 200 Jahre nach Lazarus Ercker und Georgius Agricola bewies ein weiterer, an der Universität Leipzig studierter sächsischer Hüttenmann, Carl Friedrich Wenzel (1740–1793), in seiner 1777 in Buchform erschienenen *Lehre von der Verwandtschaft der Körper*, dass experimentell-praktische Ergebnisse verallgemeinert werden können bzw. theoretische Überlegungen als Grundlage chemischen Experimentierens dienen (Dunsch 259-262). Es geht um die Verwandtschaft und die quantitative Beschaffenheit der chemischen Stoffe zueinander, die er aus experimentell untersuchten Auflösungsvorgängen wie folgt formulierte: „Eine jede mögliche Verbindung zweyer Körper, mit jeder andern beständig in dem genauesten Verhältnisse stehet, und dieses Verhältniß drücket den Grad der Verbindung aus". Der Immanuel Kant-Schüler Jeremias Benjamin Richter (1762–1807) entwickelte in der Folge das Gesetz der konstanten Proportionen – ein wichtiges Grundgesetz der Chemie.

Beiträge aus der Medizin

Anknüpfend an den *Papyrus Ebers* als wohl älteste Schrift zur Bereitung und Anwendung von chemischen Rezepturen und die Arbeiten von Paracelsus zur Iatrochemie und der Bedeutung von chemischen Stoffen und chemischen Reaktionen in der Medizin, sollen noch wenige ausgewählte Beiträge aus dem Lager der Mediziner vorgestellt werden, die auf rationalem Weg von der Alchemie zur frühen Chemie führten. Heinrich Khunrath mit seinem ambivalenten Verhältnis zur Alchemie hatte noch einen älteren Bruder, Conrad Khunrath (1555–1614), der ebenfalls an der Universität Leipzig von seinen Eltern immatrikuliert worden war (Humberg 2006). Er wurde Arzt, löste sich weitgehend von der irrationalen Alchemie, und verfasste über die Destillier- und Arzneikunst mit ihren chymischen Aspekten ein sehr kenntnisreiches Werk *Medullae Destillatoriae & Mediciae* das

1594 erstmalig und 1703 in 8. Auflage erschien (Khunrath, C. 1703). Etwa zeitgleich – 1638 in erster Auflage in Leipzig erschienen – wurde die *Chymische Medizin* von Johannes Agricola (1590–1668), der ebenfalls in dieser Zeit in Leipzig ansässig war, zu einem zweiten Standardlehrbuch der Iatrochemie, in dem die Heilung schwerer Krankheitsfälle durch Anwendung chemischer Zubereitungen beschrieben wurde (Humberg 2000).

Der Nutzen, den die Ergebnisse der Iatrochemie für die Heilung von Krankheiten hatten, wurde so offenbar und beflügelte natürlich zu einer gezielten "Forschung" auf einem Gebiet, das wir heute als pharmazeutische Chemie bezeichnen. An den humanistisch, nicht technisch geprägten Universitäten inkorporierten deshalb die Medizinischen Fakultäten die Iatrochemiker, die sich ihrerseits im Laufe der Zeit davon emanzipierten und die Chymie auf breiter Front betrieben. Das lässt sich beispielhaft in der Universität Leipzig vom 17. bis 19. Jahrhundert belegen. 1668 wurde hier das erste Extraordinariat für Chymie an der Medizinischen Fakultät mit Michael Heinrich Horn (1623–1681) eingerichtet, und erst 1835 entließ die Medizinische Fakultät die Chemie mit dem Hüttenchemiker und Ordinarius für Technische Chemie Otto Linné Erdmann (1804–1869) in die Philosophische Fakultät. Zwischenzeitlich war 1805 in der Pleißenburg das erste Leipziger Chemische Universitätslaboratorium von Christian Gotthold Eschenbach (1753–1831) eingerichtet worden. Dessen Amtsvorgänger als Ordinarius für Chymie, Anton Ridiger (1720–1783), hatte 1756 seine vermutlich in einem Privatlaboratorium erworbenen experimentellen Fertigkeiten und Erkenntnisse in deutscher Sprache publiziert, das bezüglich der Inhalte und der Didaktik mit einem modernen Lehrbuch der Anorganischen Chemie vergleichbar ist, wenn man nur die verwendeten Begriffe in den heutigen Sprachgebrauch „übersetzt". Die Alchemie war zur Naturwissenschaft Chemie gereift. Das wird augenscheinlich, wenn man sich die „Tabelle der Verwandtschaften" in diesem Werk, das in der Bibliotheca Albertina Leipzig vorhanden ist, betrachtet (Ridiger). So wird zum Beispiel in der Kolonne 11 die Spannungsreihe der Metalle vorweggenommen, die 1867/69 vom späteren Nobelpreisträger Walther Nernst (1864–1941) in Leipzig theoretisch abgeleitet wurde. Anton Ridiger war allerdings noch Anhänger der Phlogiston-Theorie des Georg Ernst Stahl (1659–1734). Schließlich begann 1785 mit der Etablierung eines neuen Theoriengebäudes der Chemie durch den Franzosen Antoine Laurent Lavoisier (1743–1794) die Neuzeit der Chemie, die wissenschaftliche Chemie. Chemische Grundbegriffe wie Element und Verbindung, Stoffklassen wie Säuren, Basen und Salze, sowie der Zusammenhang von Oxidation und Reduktion wurden neu und im heute gültigen Sinne definiert.

Literaturangaben

Agricola, Georgius. *De re metallica*, Basel: Leoben 1556.

Beyer, Lothar; Behrends, Rainer. *De artes chemiae*, Leipzig: Passage-Verlag 2003.

Coelho, Paulo. *Der Alchimist*, Zürich: Diogenes 1996.

Dunsch, Lothar. „Carl Friedrich Wenzels Lehre von der Verwandtschaft der Körper", in: *Mitteilungsblatt Chemische Gesellschaft der DDR,* Nr 24, 1977.

Ercker, Lazarus. *Beschreibung der allervornehmsten mineralischen Erze und Bergwerksarten vom Jahre 1580, deutsch übertragen von Paul Reinhard Beierlein*, Berlin: Akademie-Verlag 1960.

Goethe, Johann Wolfgang. *Faust*. München: Beck 1999.

Helck, Wolfgang; Otto, Eberhard (Hg). *Lexikon der Ägyptologie*, Wiesbaden: Harrasowitz 1975.

Humberg, Oliver. *Johann Agricola, Chymische Medicin. Ein Kompendium der Bereitung und Anwendung alchemistischer Heilmittel*, Elberfeld: Humberg-Verlag 2000.

Humberg, Oliver. *Der Alchemist Conrad Khunrath*. Elberfeld: Humberg-Verlag 2006.

Jackwerth, Ewald. *Alchemie & Artverwandtes*. Bochum: Deutsches Bergbau-Museum 2005.

Katalog zur Ausstellung Gold aus dem alten Peru. *Die Königsgräber von Sipan*, Bonn 2000/01.

Khunrath, Conrad. *Medullae Destillatoriae & Medicae*, Frankfurt-Leipzig, 1703.

Khunrath, Heinrich: *Amphitheatrum Sapientiae Aeternae*, Hamburg 1595.

Krätz, Otto.

—. „Die Chymie ist noch immer meine heimliche Geliebte" in *Chimia 48*, Swiss Chemical Society 1994.

—. „Chemie - Die entzauberte Magie" in: *Praxis der Naturwissenschaften,* 2/55, 2006.

Kubatova, Ludmila; Prescher, Hans; Weisbach, Werner. *Lazarus Ercker. Probierer, Berg- und Münzmeister in Sachsen, Braunschweig und Böhmen*. Leipzig/ Stuttgart: Deutscher Verlag für Grundstoffindustrie 1994.

Priesner, Claus. „Goldmacherei in Deutschland und Europa" in: *Chemie in unserer Zeit*, 43, 2009.

Ridiger, Anton. *Systematische Anleitung zur reinen und überhaupt applicirten oder allgemeinen Chymie*, Leipzig 1556.

Schenkel, Elmar. *Die Elixiere der Schrift*, Eggingen: Edition Isele 2003.

Scholl, Reinhold. „Das Buch der Superlative. Über den Papyrus Ebers“ in: *Journal der Universität Leipzig*, 2/2002.

Schramm, Petra. *Die Alchimisten*, Wiesbaden: Edition Rarissima 1984.

Schwedt, Georg. *Chemische Experimente in naturwissenschaftlich-technischen Museen*, Weinheim: Wiley-VCH 2003.

Soukup, Rudolf Werner; Mayer, Helmut. *Alchemistisches Gold. Paracelsistische Pharmaka*, Wien-Köln-Weimar: Böhlau 1997.

Soukup, Rudolf Werner. *Chemie in Österreich*, Wien-Köln, Weimar: Böhlau 2007.

Volke, Klaus. *Chemie im Altertum*, Freiberg: Medienzentrum der TU Bergakademie 2009.

Kathrin Stöver

Farbgestaltung im Krankenhaus – nur eine Frage der Ästhetik?

> Farbe ist nicht einfach da, ist nicht ein für allemal eindeutig gegeben, ist nicht etwas Selbstverständliches, worüber nachzudenken nicht lohnt, sondern Farbe lebt: bewegt sich und bewegt, agiert, hängt ab und macht abhängig, wirkt, ist mächtig, kann sowohl dienen als auch überwältigen. (J. Albers in Rodeck 5)

Farbgestaltung im Krankenhaus – ein Thema, welches zunehmend innerhalb des Krankenhaus-Neubaus bzw. im Rahmen von Rekonstruktionsmaßnahmen in das Blickfeld rückt, jedoch lange noch nicht zur Selbstverständlichkeit geworden ist. Seit jeher wurde versucht, Farben einzusetzen, um Heilprozesse zu beeinflussen. (Komplementärmedizinische) Therapierichtungen, wie Farb- und Lichttherapie entwickelten sich, zunächst nur bezogen auf die heilende Wirkung des Sonnenlichtes in der Heliotherapie. (vgl. Licht- und Farbtherapie)

Alle großen Kulturen der Welt nutzten Farben therapeutisch und sprachen ihnen bestimmte Wirkungen zu. So bauten die Ägypter Farbtempel mit sieben Räumen in sieben Farben, in denen sich Patienten zu einem „Farbbad" aufhielten. (vgl. Licht- und Farbtherapie) Die chinesische Medizin, als eine der ältesten und umfassendsten Heilsysteme, bediente sich der Farben – neben den Analogien zu den fünf Elementen – in dem sie beispielsweise Patienten mit Darmerkrankungen gelb einfärbten, sie in gelbe Räume setzten und das Sonnenlicht durch gelbe Vorhänge strahlen ließen. An Scharlach Erkrankte wurden in rote Tücher gehüllt und in rot ausgeschlagene Räume gebracht. (vgl. Licht- und Farbtherapie) In der indischen Tradition und ayurvedischen Heilkunst gibt es ähnliche Beispiele.

Seit dem 19. Jahrhundert bleibt es jedoch das Weiß – ob Farbe oder nicht – welches seine Vorherrschaft in der „sterilen Welt der Versehrten" zu halten sucht. Traditionell verkörpert Weiß Reinheit, Sauberkeit, Hygiene und diese sind auf Weiß leicht zu kontrollieren. (vgl. Heller)

Weiß vermittelt auch Leere, gilt als Farbe der Gefühllosigkeit und des Unbekannten. Es wird als „schön" empfunden, wenn es von Farbtupfern durchbrochen wird. (vgl. Heller) Im Kontext Krankenhaus weckt es negative Assoziationen (vgl. Heller), bestenfalls rückt es nicht ins Bewusstsein. Und Farbe? Rot wird in den Zusammenhang mit Blut, Grün mit Operationssälen gebracht, Blau ist an Gegenstände gebunden. Soll sich dies ändern und wird davon ausgegangen, dass der Mensch das Maß für den ihn umgebenden Raum sein sollte (vgl. Rodeck), ist eine ganzheitliche Betrachtungs- und Herangehensweise unabdingbar, die die Wechselbeziehung von Körper-Geist -Seele berücksichtigt. Der Mensch ist unablässig Reizen aus der Umwelt ausgesetzt. Reize werden als Informationen und Wahrnehmungen über die Sinnesorgane aufgenommen, führen zu Empfindungen, zu Reaktionen. (vgl. Rodeck) Von den insgesamt zwölf Sinneswahrnehmungen wird der Sehsinn (ca. 90% der Sinneseindrücke) als der umfassendste, der unterstützt und ergänzt, betrachtet. (vgl. Rodeck)

Was sind Farben?

„Sie (sind) die Bezeichnung für eine spezifische visuelle Empfindung, die durch sichtbare Strahlung, den so genannten Farbreiz, ausgelöst wird." (vgl. Rodeck 16) Farben sind Schwingung, Energie, Material (vgl. Immos). Sie sind interdisziplinär. Sie sind evolutionär (vgl. Sölch). Sie sind Empfindung. Erst im Gehirn entstehen Rot, Grün, Blau, Gelb ... und werden auf Gegenstände etc. projiziert (vgl Sölch). Sie sind nicht objektiver Bestandteil des sichtbaren (Sonnen-)Lichtes. Wird dieses jedoch durch ein Prisma zerlegt, entsteht ein Farbspektrum von Rot bis Violett (vgl. Sölch). Farben benötigen Licht, um nach Helligkeit und Dunkelheit differenziert werden zu können. (vgl. Sölch) Und sie brauchen eine Objekt- bzw. Raumbezogenheit, um zur vollen Entfaltung zu kommen. (vgl. Rodeck)

Als elementarer Bestandteil mit „rational funktionalen Eigenschaften" (vgl. Immos) vermitteln sie symbolische Botschaften, signalisieren, orientieren, ordnen, unterscheiden. Sie sind mehr als eine ästhetische Aussage. (vgl. Rodeck) Mit „irrationalen Eigenschaften" wecken und bestimmen sie Gefühle (vgl. Immos), im Einklang mit den unendlichen Möglichkeiten des menschlichen Geistes. (vgl. Fuchs)

Farbensehen als physiologischer Prozess des visuellen Systems

Das Sehen und Wahrnehmen von Farben sind Sinneserlebnisse. Ein objektiver Farb-reiz löst eine subjektive Reaktion aus, ruft emotionale und ästhetische Assoziationen hervor. (vgl. Rodeck) Es ist ein komplexer physiologischer Prozess bei dem das einfallende Licht und das Auge (Kornea, Kammerwasser, Linse, Glaskörper) als optischer Apparat beteiligt sind, die Netzhaut (Retina) mit lichtempfindlichen Rezeptoren (Stäbchen und Zapfen mit sogen. Sehfarbstoffen), der Sehnerv (N. opticus), das Zwischenhirn (Diencephalon)/Thalamus, der Hirnstamm (Truncus encephali), und schließlich die Sehrinde (visueller Cortex) als primäres Sehzentrum. (vgl. Schiebler; Silbernagel; Sölch)

Farbwahrnehmung jedoch geht über reines Sehen hinaus. Es geht um die psychophysische Verfassung im Moment der Aufnahme des Farbreizes, wobei subjektives Farberleben mit Bevorzugung, Ablehnung, Bewertung sowie das Farbgedächtnis eine Rolle spielen. (vgl. Rodeck)

Farbwahrnehmung als symbolische Beschreibung, in der gespeicherte Erfahrungen ins Verhältnis gesetzt werden - kulturelle und gesellschaftliche Faktoren gelten dabei als nicht zu vernachlässigende Einflussgrößen. (vgl. Rodeck) Physiologisch betrachtet, nehmen Farben Einfluss auf die kortikale Aktivierung, auf das vegetative Nervensystem, auf die hormonelle Aktivität über die Achse Auge-Zwischenhirn (Diencephalon)-Hypothalamus/Hypophyse. Die *Formatio reticularis*, ein Geflecht von Schaltneuronen im gesamten Hirnstamm, als Reflex-, Integrations- und Koordinationszentrum, in der alle Sinnesreize zusammen laufen, ist dabei von besonderer Bedeutung. Über sie werden affektive und vegetative Funktionen, u.a. auch Aufmerksamkeit und Wachheit gesteuert. (vgl. Rodeck; Schiebler; Silbernagel)

Wird die Balance als oszillierender Weg zwischen Reizarmut und Reizüberflutung nicht gefunden bzw. eingehalten, kann es zu physischen und psychischen Veränderungen kommen. Diese werden beispielsweise durch ein spannungsloses Umfeld induziert, welches als monoton erfahren wird. Die Folge ist ein sensorischer Mangel, eine Unterstimulation. Das Gegenteil, eine Reizüberflutung führt zu Überspanntheit, also zu einer Überstimulation. (vgl. Rodeck) Unterstimulation ruft Ruhelosigkeit, Reizbarkeit, Konzentrationsschwierigkeiten hervor; Überstimulation einen Anstieg des Erregungsgrades. (vgl. Rodeck) Daraus leitet sich die Frage ab, ob bestimmte Farben physiologisch messbare Veränderungen hervorrufen. Gewiss, wie wissenschaftliche Versuchsanordnungen und Studien zeigen (vgl. Rodeck; Sölch). Doch es existiert kein einfaches Reiz-Antwort-Schema. Trotz des Durchdringens und der komplexen Einflussnahme auf Physis und Psyche, sind die Reaktionen nicht von Dauer, da sich physiologische Prozesse in rhythmischen Alterationen bewegen. Zu den Einfluss nehmenden Faktoren zählen u.a. der spezifische Farbton, die Sättigung und der Helligkeitsgrad. Von Bedeutung ist, wo sich die Farbe befindet, welchen Zweck soll sie erfüllen und auch die Zeit des Einwirkens ist durchaus relevant. (vgl. Rodeck)

Farbe steht im Kontext zu Raum und zur Raumerfahrung, sie fügt sich in die Zwei- bzw. Dreidimensionalität ein und sie gestaltet diese. Laut Hugo Kükelhaus braucht der Mensch eine durchgeformte, gebaute und ausgestaltete Lebenswelt. (vgl. Rodeck; Kükelhaus). Das räumliche Wahrnehmungsvermögen entwickelt sich in Phasen. Es werden reguläre Ordnungssysteme mit rechten Winkeln, Parallelen, Radien zur Orientierung und in der permanenten Auseinandersetzung mit der Gravitation benötigt. Abweichungen werden in einem geringen Maß akzeptiert, als Abwechslung und Anregung, Aufmerksamkeit einfordernd, gesehen. (vgl. Rodeck)

Farben entfalten ihre Wirkung im Raum unterschiedlich (vgl. Sölch). An der Decke beispielsweise wirkt ein Gelb leuchtend und anregend, an den Wänden wärmend, kann aber auch erregen oder gar irritieren, am Boden ablenkend, fremd und motorisch erregend. Und Weiß? Von oben lässt Weiß alles offen, an den Wänden erscheint es avital, leer, bestenfalls „neutral", am Boden unbetretbar, fremd, als Streifen säuberlich (vgl. Rodeck). Auch die Zielsetzung einer „neutralen" Wirkung als „unbunte Farbentscheidung hat psycho-physiologische Auswirkungen" (vgl. Rodeck 21). Farben werden von wohltuend bis unangenehm eingeordnet, in Abhängigkeit von:

- dem Maß der Buntheit und der Kontraste
- den Proportionen
- dem Verhältnis Fläche - Farbe
- Form - Farbe und
- der Lage der Farbflächen im Raum. (vgl. Rodeck)

Krankenhäuser, die inzwischen ausschließlich auf die nötige Effektivität von Strukturen und Materialien, auf wirtschaftlich vertretbare Lösungen hinzielen, unterliegen einem strengen Funktionalismus bzw. Rationalismus. Es ist ein standardisiertes Bauen, welches dem Ziel der Ordnung und Organisation folgt. Rechte Winkel und gerade Linien als klare und durchschaubare Struktur- und Schablonenmuster, jedoch ohne Leben. (vgl. Fant) Die Formensprache stützt nicht das Anliegen der Menschen, gleich ob Patient oder Mitarbeiter. Wenig gestalterischer Raum bleibt - Farbe als Möglichkeit, diesen zu füllen.

Anzustrebendes Ziel ist es, eine Symbiose von geforderter und zumeist dominierender Funktionalität und gestaltetem Erscheinungsbild zu erreichen. Eine Symbiose, die in den additiv zusammengesetzten unterschiedlichen Bereichen (öffentliche, Funktions-, Personal-, Patientenbereiche) immer wieder anhand der Bestimmung bzw. Funktion neu bedacht und überprüft werden muss. Die von den Architekten bereits mit den Entwürfen mitgelieferten „Farbkonzepte" taugen selten. Sie unterliegen zu häufig Mode- und Designauffassungen oder decken nur das erforderliche „Leitsystem" als Orientierungssystem im Haus ab. Öffentliche Bereiche – Patienten, Besucher, Angehörige, Personal – alle nehmen sie in ihrem Erscheinungsbild wahr. Der erste Eindruck beeinflusst und ist meinungsbildend. Sie sind Empfangs-, Aufenthalts-, Wartebereiche. Hier laufen Fäden zusammen, entknoten sich. Stimmungen werden aufgefangen und weitergeleitet. Die Tendenz, Anleihen aus dem Hotelbau (Lobby) oder aus kommerziellen Bereichen (shopping malls) zu nehmen, ist zu beobachten. Mit welcher Zielsetzung? Führt ein derartiges Verwischen bzw. Überschreiten von Grenzen zu einer „Bagatellisierung“ des Anliegens v.a. von Patienten und Personal?

Diese, einem breiten Publikum zugängigen Bereiche, dienen häufig als Träger für Kunst am Bau und bieten damit auch in Abhängigkeit der architektonischen Gegebenheiten Abwechslung, Diskussionsgrundlage, Vielgestaltigkeit, seltener Homogenität. Vieles scheint hier machbar und möglicherweise auch akzeptabel.

Korridore als verbindende Elemente. Sie sind zu oft zu lang, zu monoton, sich in jeder Etage wiederholend, zu oft von keiner oder fehlerhafter Gestaltung. Sie gelten als unverbindliche Bewegungszonen. (vgl. Rodeck)

Ihnen ist viel Aufmerksamkeit zu widmen, um nicht abschreckend und desorientierend zu wirken. Der gezielte und gekonnte Einsatz von Farbe (durchaus variabel in den Etagen zum besseren Orientieren) in Kombination mit Licht führt zu Rhythmus – auch im Beschreiten, zu einem Heben des Blickes, verbunden mit Aufmerksamkeit bis hin zu Beschwingtheit. Teilende architektonische Elemente sollten sich in ihrer (komplementär akzentuierten) Farbgebung von den Wänden abheben, um eine optische Verkürzung zu erzielen. (vgl. Licht- und Farbtherapie) Abschnitte, die einer besonderen Kennzeichnung bedürfen (z.B. Fahrstühle), sollten auch als solche durch den Einsatz von Farbe hervorgehoben werden. Damit ist Orientierung gewährleistet und der Suchende wird sicher von Etage zu Etage, von Abteilung zu Funktionsbereich geleitet.

Aufenthaltsräumen im stationären Bereich ist es gestattet, eine gewisse Privatheit auszustrahlen. Patienten und ihre Angehörigen treffen sich hier außerhalb des Krankenzimmers. Arztgespräche mit Angehörigen werden meist unter vier Augen geführt. Emotionen sind zulässig und Privates kann zur Sprache kommen. In den Vordergrund sollten warmtonige Farben und ein entsprechendes Interieur treten, um Wärme und Offenheit, Ermutigung, Verständnis zu vermitteln.

Patientenzimmer - aufgrund der häufig vorherrschenden räumlichen Enge, die keine Privatsphäre zulässt, ein Miteinander von einander Fremden in Mehrbettzimmern erzwingt, ist eine sensible (Farb-) Gestaltung ist von großer Bedeutung. Es reicht unter keinen Umständen, gerahmte Farbreproduktionen, einsam und möglichst noch schief und leicht verblichen an eine großflächige, dem ständigen Patientenblick ausgesetzten Wand zu hängen. Wände sind von besonderer Bedeutung für das Fühlen. Sie rücken näher, werden beengend, sind entfernt, wirken weitend, wärmend, kühlend… (vgl. Licht- und Farbtherapie) Entsprechend der Zimmergröße und Belegung ist die Farbgebung diesbezüglich zu entscheiden. In der Summe geht es um eine positive Gestimmtheit mit Grenzziehung zur Behaglichkeit. Kinderkliniken bzw. Kinderabteilungen und Farben gehen schon seit jeher eine (selbstverständliche) Liaison ein. Das, was dem erwachsenen Patienten abgesprochen wird, sein Bedürfnis nach Farbe, wird dem kindlichen Patienten als selbstverständlich zugesprochen. So findet man in den pädiatrischen Abteilungen der Krankenhäuser ein häufiges Kunterbunt. Aber wurde dieses auch sinnvoll und überlegt eingesetzt? Ein dahinter stehendes Konzept ist nur in Einzelfällen zu erkennen. Die Wirkung von Farben auf den kindlichen Körper, den Geist und die kindliche Seele und der aktuelle (Krankheits-)Zustand der Kinder sind wohl eher selten berücksichtigt. Existiert die schützende „Höhle", die Geborgenheit und den nötigen Schutz im Moment des kindlichen Ausgeliefertseins bietet? Mittels warmer, freundlicher, durchaus auch klarer Farben kann Tröstliches geschaffen werden. Den bunten Comic- oder Märchenfiguren wird damit der Raum zugewiesen, den sie einnehmen dürfen, ohne alles zu dominieren.

Für die farblich sinnvolle Gestaltung von Geburtsabteilungen bzw. Kreissälen gibt es gute Beispiele. Hier darf die Farbgebung keine blockierende Anmutung haben. Sie sollte sich sensibel zwischen Sammlung und Entspannung bewegen, klar und lösend die Bestimmung der Räume unterstreichen. Es kommt so ein Blaugrün, dem Element Wasser entsprechend, mit Akzenten von nicht zu kräftigem Orangerot (vgl. Licht- und Farbtherapie) , als Ausblick und Bekräftigung, in Betracht.

Innerhalb der zahlreichen Funktionsbereiche eines Krankenhauses gelten die Intensivstationen immer wieder als Orte der Angst und des Verlustes. Sie sind die Kreuzungspunkte von schwerem menschlichem Leiden, von Technik und medizinischem Wissen auf hohem Niveau. Neben den Operationssälen geht diesen Stationen der Ruf von Technokratie, Rationalität, (scheinbarer) Unmenschlichkeit voraus. Der Aufenthalt hier wird von Patienten und Angehörigen häufig als traumatisch eingeschätzt, der im Nachgang oft mit Verdrängung und Vergessen bedacht wird. Hier ist auch das Personal hohen Belastungen ausgesetzt, mehr als in anderen Abteilungen des Krankenhauses. Intensivstationen als Mikrokosmos und „Eigenwelt" mit durchaus eigenen Regeln.

Aus diesen Besonderheiten heraus ist es von großer Bedeutung, sich „intensiv" mit der (Farb-) Gestaltung dieser Einheiten auseinander zu setzen. Patienten, die einer längeren intensivmedizinischen Betreuung und damit verbunden einer völligen Fremdversorgung bedürfen, erfahren umfassende Einschränkungen bezüglich ihres Erlebnishorizontes, der Wahrnehmung und Motorik. Ihr Schlaf-Wachrhythmus ist gestört. Sie haben unter Umständen Angst, Schmerzen, Stress, verstehen nicht, was um sie herum vor sich geht, in welchem Bezug sie dazu ste-

hen. Sie schweben oft zwischen Wachsein und (Alp-)Träumen und tiefem Schlaf, befinden sich wie zwischen Welten. Erinnerungslücken eröffnen sich und lassen keine sinnvolle Verbindung zwischen Vorher und Jetzt zu.
Was kann man daraus für eine Farbgestaltung ableiten? Die Kernanforderungen sind:

- Erregungsfreiheit
- Ruhe und Stimulation
- Vermeiden von Monotonie
- Klare visuelle Signale (vgl. Rodeck)

Dadurch, dass ein Großteil der Patienten durch das Pflegepersonal in einem bestimmten zeitlichen Rhythmus über drei Seiten (rechts/ links/ Rücken) gelagert wird, kommt neben der Wand- v. a. der Deckengestaltung besondere Bedeutung zu. Für zwei Stunden nur eine Blickrichtung zu haben, lässt unter Umständen den kleinen schwarzen Punkt v.a. an der Decke zum bedrohlichen Etwas anwachsen.

Eine Deckengestaltung steht häufig außerhalb des Fokus, rückt sie hinein, wird sie zur Herausforderung. Es existieren bereits gelungene Beispiele im Sinne des Feng Shui (z.B. AKH Wien).

Folgende Richtlinien bei einer Deckengestaltung oder -bemalung sollten eingehalten werden:

- der Blick muss wandern können
- der Blick braucht Fixpunkte, auf denen er (meditativ) verweilen kann
- klare geometrische Formen, die Struktur vermitteln, sollten sich mit (weichen) Farbverläufen abwechseln
- Zentrierung und Offenheit, Leichtigkeit und Kompaktheit sollten in Ergänzung stehen
- Leere, für den Blick ins „Nichts" und damit nach Innen, sollte gleichermaßen vorhanden sein

Mandalas, Meditationsbilder, bekannt aus den asiatischen Kulturkreisen, die ihre Entsprechung in den Rosettenfenstern der Westwerke gotischer Kathedralen haben, eignen sich hier als nahezu perfektes Beispiel. Sie erfüllen alle oben genannten Anforderungen und lassen sich leicht realisieren.

Abschiedsräume sind Orte der Stille und Einkehr. Hinterbliebene verbringen letzte Momente mit den Verstorbenen. Ungestörte Momente der Trauer, in denen Schutz, Trost, vielleicht auch Kraft und Zuversicht spürbar werden sollen. Farben des Geistes, der Seele, der Transzendenz, Göttlichkeit und Klarheit, der Einbindung in ein universelles Geschehen aus dem Blau-Violettspektrum stehen hier zur Auswahl. Vielleicht auch Gold als Symbol für etwas Wertvolles, für Wertschätzung und Unvergänglichkeit.

Werden Patienten, Angehörige oder Personal bezüglich farbig gestalteter Räume befragt, um ihren Eindruck, ihre Meinung gebeten, so ist der Grundtenor ein durchweg positiver. Jegliche Farbe wird Weiß gegenüber der Vorzug gegeben. Ein „aber" bezieht sich gelegentlich auf persönliche Farbvorlieben oder entsprechendes Ablehnen.

Wird ein Schritt weiter gegangen, weg von den reinen Farbflächen, hin zur künstlerischen Gestaltung unter Berücksichtigung aller genannten Aspekte, kommt es immer zu einer Beschäftigung und (z.T. durchaus phantasiereichen) Auseinandersetzung seitens der Betrachter mit den gewählten, möglichst nicht (zu) gegenständlichen Motiven als wiederum positives Ergebnis.

Abschließend lässt sich sagen, dass die Verknüpfung von Krankenhaus mit Weiß durchaus noch als Standard gilt. Die gelebte Realität unterzieht sich jedoch einem steten und begrüßenswerten, nicht mehr aufzuhaltendem Wandel. Sinnvolle Farbkonzeptionen geben Antworten auf körperliche/geistige/seelische (Umwelt-) Bedürfnisse. Sie müssen physiologischen, ergonomischen, psychologischen, funktionalen und ästhetischen Anforderungen genügen. Sie sind verantwortlich, sinnvoll, sozial und erfordern Kommunikation, Kooperation sowie die Auseinandersetzung mit der Wirkung von Farben. Sie dürfen keinem Selbstzweck genügen und keinen subjektiven Designauffassungen folgen, nach Ausgleich, Abwechslung, Anregung suchen, und sollten eingebunden sein in eine visuelle Ordnung, um belastende Wahrnehmungszustände zu vermeiden und zudem eine subtile Stimulation als Kriterium wählen, um Monotonie und Reizüberflutung zu vermeiden. Das bedeutet in der Praxis: Dort wo belastende äußere Umstände wirken, sind zurückhaltende Farben zur inneren Beruhigung angebracht. Dahingegen können Farbimpulse dort anregend wirken, wo abwechslungsarme Umstände herrschen. (vgl. Rodeck)

> Aber nur da, wo man nicht isolierte Aktionen trifft, sondern organisch vorgeht, wird die Umwelt wieder zum Lebensträger. (vgl. K.Görsdorf aus Rodeck 5)

Literaturangaben

Fant, A., Klingborg, A. *Leben in der Architektur unserer Zeit - Der unvollendete Funktionalismus*, Stuttgart: Urachhaus J. M. Mayer GmbH 1985.

Fuchs, C. *Ein Wohlklang für die Seele*, 18.2.2011. Web. <http://culture.indian-network.de/gesellschaft/artikel/farbeninindien.htm>.

Heller, E. *Wie Farben auf Gefühl und Verstand wirken*, München: Droemer Verlag 2000.

Immos, Franz. *Energetik der Farbe,* 23.05.12. Web. <www.immoos.nl/farbenergie/page04.html>.

Kranich, E. M./ Jünemann, M./ Berthold- Andrae, H. u.a. *Formenzeichnen. Die Entwicklung des Formensinns in der Erziehung*, Stuttgart: Verlag Freies Geistesleben 1985.

Kükelhaus, H. *Unmenschliche Architektur. Von der Tierfabrik zur Lernanstalt.* Köln: Gaia 1973.

Knorr, Susanne. „Feng Shui auf der Intensivstation. Feng Shui - Farben zum Wohl von Patienten und Personal" in: *Feng Shui Journal*, 2005 (10).

Licht- und Farbtherapie. 01.03.2011. Web. <www.actoid.com/webdesign/farblichtsehen/Farbtherapie.htm>,

Rodeck, B., Meerwein, G., Mahnke, F. H. *Mensch - Farbe - Raum, Grundlagen der Farbgestaltung in Architektur, Innenarchitektur, Design und Planung*, Leinfelden Echterdingen: Verlagsanstalt A. Koch 1999.

Schiebler, Th. H. *Anatomie*, Berlin, Heidelberg, New York: Springer Verlag, 2005.

Silbernagl, S., Despopoulos, A. *Taschenatlas der Physiologie*, Stuttgart, New York, 1983.

Sölch, R. *Die Evolution der Farben. Goethes Farbenlehre in neuem Licht*, Leipzig: Ravensburger Buchverlag 1998.

Katharina Spanel-Borowski

„Körperwelten“ als Wissenschaft?

Zusammenfassung

Wissenschaft definiert sich durch neue Entdeckungen, die zu neuen Erkenntnissen führen. „Körperwelten“ sind professionell gestaltete Ausstellungen mit Gestaltplastinaten und das Lebenswerk von Gunther von Hagens (GvH). Er hat als junger Wissenschaftler die Plastinationstechnik perfektioniert. Wissenschaftliche Nachhaltigkeit fehlt. Im Unterschied zu Darstellungen großer Anatomen der Neuzeit werden mit „Körperwelten“ keine neuen Erkenntnisse gewonnen. Doch können „Körperwelten“ für Laien und Fachpublikum durch innovative Didaktik wertvoll sein.

Von Andreas Vesal zu Gunther von Hagens

Die Zeiten täglich neuer Entdeckungen im Körperbau (Anatomie) des Menschen liegen viele Jahrhunderte zurück. Bis zum ausgehenden Mittelalter orientiert sich das ärztliche Tun an antiken Kenntnissen der Anatomie, die der griechischen Arzt Galen im 2. Jahrhundert v.Chr. am Hundekadaver beschrieben hat. Das Präparieren des menschlichen Körpers war von der Kirche unter Strafe verboten, weil Körper und Seele nach dem Tod auferstehen werden. Professoren für Anatomie an Hochschulen des Mittelalters wie Gent dozierten über den Körperbau vom Katheder vor der tiefer sitzenden Schülergemeinde.

Mit dem Beginn der Neuzeit entwickeln sich starke Bedürfnisse nach eigenen praktischen Erfahrungen. Padua ist die erste Universität, die das Präparieren des menschlichen Körpers gestattet und dafür zum Tode Verurteilte frei gibt. Dies wird als Sühne für Untaten an der Gesellschaft bewertet. Andreas Vesal (1514–1564), Spross einer belgischen Arztfamilie, präparierte während seines Medizinstudiums in Paris heimlich den Körper von Gehängten. Vesal will die auffälligen Unterschiede im Vergleich zur Hundeanatomie beweisen und wechselt nach Padua. Dort entsteht von 1539–1542 sein sechsbändiges Lebenswerk „de humani corporis fabrica“ (über den menschlichen Körperbau) zusammen mit Johann Stefan von Calcar, einem Schüler von Tizian. Vesal präpariert, und von Calcar hält die Arbeitsschritte in mehr als 200 Holzschnitten fest. Ansichten des Körpers und Details der Muskeln und Knochen stehen im Vordergrund hinter fern auftauchenden Landschaften.

Unter den zahlreiche Erstbeobachtungen von Vesal zu verschiedenen Organsystemen ist die revolutionäre Beschreibung der Herzanatomie bahnbrechend für die moderne Medizin. Die Hauptgefäße entspringen nicht der Leber, sondern dem Herzen, dessen beide Kammern ein Septum komplett trennt. Vesal's Erstbeobachtungen werden in den folgenden Jahrhunderten von Anatomen bestätigt, modifiziert und in Atlanten öffentlich gemacht. Präparator und Künstler bleiben ein Tandem wie bei dem dreibändigen Bildatlas „Traité complet de l'anatomie de l' homme" von Jean Marc Bourgery (1797–1849) und Nicolas Henri Jacob (1782–1871). Die von 1830–1850 entstandenen lithografischen Tafeln mit idealtypischen, naturalistischen Ansichten der Organe und ihrer Topographie werden Vorlagen für spätere Atlanten von u.a. August Rauber (1841–1917), von Johannes Sobotta (1869–1945) und von Eduard Pernkof (1888–1955).

Ist der Präparator gleichzeitig Künstler, gestaltet er seine Beobachtungen wie Leonardo da Vinci (1452–1519) selbst. Auf der Suche nach der göttlichen Proportion präparierte er bei Kerzenlicht und mit bloßen Händen frisch Verstorbene in Kellern von Hospitälern in Florenz, Mailand und Rom. Da Vinci hat seine Zeichnungen zum Bewegungsapparat, zum Herzen, zum Fetus in der Gebärmutter und Bauchsitus nie veröffentlicht. Sie gehören zu den 13 000 wissenschaftlichen Notizseiten weitgehend im Besitz großer europäischer Sammlungen wie dem Louvre, der spanischen Nationalbibliothek und der königlichen Bibliothek im Schloss zu Windsor.

Der Schotte John Bell (1763–1820), Anatom, Chirurg und Künstler, bildet die Anatomie von im Krieg verletzten Soldaten mit Kupferstichen in „Anatomy of the Human Body" ungeschönt ab. Bell will keine ästhetisch-ansprechende Anatomie, sondern die grausige Realität zeigen. Weil Bell die Aufmerksamkeit des Betrachters durch gewöhnungsbedürftige Einblicke fesselt, kann er als Vorgänger von GvH gelten. Er wurde 1945 in Alt-Skalden, Posen, als Gunther Liebchen geboren und entwickelte über Jahrzehnte „Körperwelten (Body worlds)". Es sind perfekt gestaltete Wanderausstellungen menschlicher Körper, die durch die Technik der Plastination lebendig scheinen.

Große Anatomen der Neuzeit wollten Erkenntnisgewinn, sei er naturwissenschaftlich mit der Entdeckung neuer Strukturen und deren Funktion oder metaphysisch durch den Nachweis der universellen Form. Der berufliche, vielseitige Werdegang von GvH enthält Ähnlichkeiten und Unterschiede (Peuker und Schulz; Whalley und Wetz). Auf dem zweiten, entbehrungsreichen Bildungsweg von 1951–1965 in Greiz, Thüringen mit Abendabitur, Krankenpfleger, Apothekengehilfe studiert GvH Humanmedizin in Jena und Lübeck von 1965–1973. Der Ortswechsel erklärt sich durch seine politische Inhaftierung in Gera und Cottbus von 1968–1970. Mit der Promotionsarbeit zum Dr. med. an der Abteilung für Anästhesie der Universität Heidelberg beginnt die wissenschaftliche Periode am Institut für Anatomie, wo GvH wissenschaftlicher Mitarbeiter von 1978–1996 war. Das Hauptprojekt ist, den menschlichen Körper und seine Organsysteme über den Tod hinaus wie lebendig zu erhalten (von Hagens und Mitarb. 1987). Drittmittelgelder für die Entwicklungsarbeit kommen aus eigenen Ressourcen wie 1977 durch das erste Patent für Plastination, 1980 durch die Gründung der Firma *Biodur* in Heidelberg und 1993 des Instituts für Plastination, beide geleitet von Dr. Angela Whalley, Frau von GvH. Die Periode der Ausstellung von GvH entspricht einer Museumsarbeit mit eigener Werkstatt, wo menschlichen Modelle nach eigener Kreation entstehen. Deswegen betrachtet sich GvH als Künstler und als Wissenschaftler (www.plastinarium.de).

Perioden der Wissenschaft und der Ausstellungen von Gunther von Hagens

Wissenschaft ist die Erweiterung des Wissens durch Forschung und seine Weitergabe durch Lehre. Die Forschung konzentriert sich auf ein (1) Problem mit der Idee zu seiner Lösung, auf (2) Material und Methode, gefolgt von (3) Experimenten und Ergebnissen. Die (4) Nachhaltigkeit der Erfindungen und neuen Erkenntnisse ergeben sich aus Veröffentlichungen und Kooperationen sowie über Präsentation auf Fachkongressen. In der Lehre wird der aktuelle Forschungsstand durch Vorlesungen, Seminare und Praktika, Lehrbücher und Prüfungen an Studierende weitergegeben. Überdurchschnittliche Forscher und Lehrer begeistern sich für ihr Problem und arbeiten hingebungsvoll, kreativ und ausdauernd an seiner Lösung. Die Talente hat GvH in hohem Maße bei seinem Problem (1) eingesetzt, Scheiben einer menschlichen Niere haltbar zu machen. Er erinnert sich auf seiner Homepage:

> Eine Wurstschneidemaschine als ‚Rotationsschneidemaschine‘ wurde zur ersten Plastinationsinvestition. Die Nierenscheiben bettete ich in flüssiges Plexiglas ein und extrahierte die Luftblasen im Vakuum. Die Betrachtung dieser Blasen führte nun zur entscheidenden Idee: Ein mit Aceton durchtränktes Nierenstück sollte sich unter Vakuumbedingungen mit Kunststoff imprägnieren lassen. Nach einer Stunde war das Nierenstück kohlrabenschwarz und geschrumpft. Die meisten hätten wohl das Versuchsergebnis als untauglich verworfen. Ich wiederholte das Experiment mit flüssigem Silikonkautschuk und imprägnierte langsam über drei Silikonbäder. Nach der Härtung im Wärmeofen hatte ich das erste vorzeigbare Plastinat in der Hand. Das war am 10. Januar 1977 – dem Tag, an dem ich mich entschied, die Plastination in den Mittelpunkt meines Lebens zu stellen. (www.plastinarium.de)

Bei der Beschaffung des Materials (2) für seine Plastinate zeigt sich GvH als extrem belastbarer Topmanager, der einfallsreich ist und kein Risiko scheut (Peuker und Schulz 2004). Von 1983–1996 sind es Körperspender der Anatomie Heidelberg, die als Plastinate in das arabische Ausland mit 13% Gewinn verkauft werden. Ausbleibende hypothesengestützte Grundlagenforschung zwingen GvH zur Umorientierung. Von 1996–2002 etabliert er ein außeruniversitäres, eigenes Grossunternehmer mit Osterweiterung. Von 1996–2002 kooperiert GvH ohne beweisbare Körperspende mit Bichkek in Kirgistan unter Mitarbeit von Waleri Gabitow, ab 1999 zusätzlich mit Nowosibirsk mit dem Vertrauten Wladimir Golownjow und von 1999–2002 mit Dalian, China, und Sui Hong Jin beim Aufbau der „Plastination City" mit 200 Mitarbeitern. Juristische Verfahren wegen unklarer Herkunft der Leichen und des Professorentitels enden mit mehrfachen Freisprüchen in den Jahren 2002, 2003, 2004, 2005, 2007. Die „goldenen Zeiten" im Osten werden durch ein systematisches Körperspendeprogramm im Westen abgelöst. Exponate kommen ab 2006 aus Gruben and der Lausitzer Neisse in Brandenburg, wo „Körperwelten & der Zyklus des Lebens" als Faszination des Echten ausgestellt sind.

Die Methode (2) der Ganzkörperplastination gliedert sich in 6 Arbeitsschritte (www.plastinarium.de): 1. Fixierung des Körpers; 2. Präparation mit 500–1000 Stunden; 3. Entwässerung und Entfettung mit Aceton innerhalb von 2 Wochen bis drei Monaten; 4. forcierte Imprägnation über 2–5 Wochen; 5. Härtung mit Gas für Silikonkautschuk und mit Licht/Wärme für Polyester-Epoxidharze; 5. Positionierung des Körpers durch stützende Materialien über Wochen bis Monate als Ergebnis (3). Bei der Monate dauernden Scheibenplastination erfolgen ebenfalls 6 Arbeitsschritte: 1. Schockgefrieren des Präparats; 2. Sägen bei Tieftemperatur in Scheiben von 1–5 mm Dicke; 3. Entwässern und Entfetten; 4. forcierte Imprägnation 5. Ausgießen in Epoxydharz; 6. Montage der Scheiben. Scheiben von weniger als 1mm Dicke haben eine bessere optische Auflösung als radiologische Bilder der Magnetresonanz-Tomographie.

Ergebnisse und Nachhaltigkeit (3 und 4) der Plastination spiegeln sich im großen Publikumserfolg der „Körperwelten", deren Unkosten in Millionenhöhe seit 1996 eigenfinanziert werden. Über 60 Ausstellungen sind seit 1996 mit mehr als 200 Exponaten in drei Kontinenten ausgerichtet worden. 6 Millionen Besucher wurden in Deutschland und 12 Millionen in Japan gezählt. Die Ausstellungen vermitteln dem Laien die Anatomie und „demokratisieren" die Königsdisziplin in der Ausbildung zum Mediziner. Jeder Besucher darf schauen, erstaunt und ergriffen von der Schönheit des Körperbaus sein.

In „Körperwelten“ sitzt ein Mensch mit präparierter Rückenmuskulatur am Computer oder am Schachbrett mit Blick auf Gehirn und Arm- Rumpfmuskulatur. Die Skatrunde mit mogelnden Männern kann erheitern. Musische und sportliche Momentbilder zeigen den Dirigenten mit erhobenem Taktstock, zwei Fußballer beim Kampf um den Kopfball, den Turner beim Stemmen in Ringen. Der Blick in einen unterirdischen Kanal mit einem Mann im eiligen Lauf ist ein lebensnahes Exponat eines Menschen auf der Flucht. Das Skelett, dessen ausgestreckter linker Arm die Schulter seines Vormanns erreicht, erinnert an den Totentanz in mittelalterlichen Abbildungen. Flatternde Muskelgruppen von Rumpf, Bein und Arm verwandeln das Exponat in ein Fabelwesen. Als Schubladen herauspräparierte Körperebenen erinnern an das Bild der brennenden Giraffe von Salvatore Dahli (1904–1989). Die Skulptur des Denkers von Auguste Rhodin (1840–1917) wird als Exponat nachempfunden ebenso wie der vitruvianische Mensch von Leonardo Da Vinci (1452–1519); ein Basketballspieler richtet Arme und Beine nach der „göttlichen Proportion“ aus.

Gunther von Hagens gestaltet seine Exponate als Meister der Präparation mit hoher Perfektion. Einzelpersonen und Gruppen werden in statischer und dynamischer Haltung in das Umfeld der Lebenden montiert. Exponate sind spektakulär durch eine veränderte Anatomie. Exponate appellieren an die Emotionalität des Betrachters und immitieren renommierte Kunstwerken. Die Grenze von Leben und Tod wird durch weit geöffnete Glasaugen und die komplette Häutung der Gestaltplastinate unscharf für den Betrachter. Er wird sich in der Gegenüberstellung seiner eigenen Vergänglichkeit bewusst.

„Körperwelten“ ohne neuen Erkenntnisse

Gunther von Hagens gilt als Schöpfer und führender Meister der „Körperwelten“. Als Perfektionist mit unerschöpflicher Energie und Ausdauer beherrscht GvH die Kunst der Präparation, die uns seit der Renaissance durch Da Vinci und Vesal überliefert ist. Sie suchten in ihrem Tun die göttliche Proportion und neue Erkenntnisse zum Körperbau. Gunther von Hagens tritt als hochtalentierter Grossunternehmer mit Visionen der globalen Vermarktung auf. Museen für „Körperwelten“ sind weltweit zu schaffen und Ganzkörperplastinate als neue Form der Bestattung zuzulassen. Diese Anliegen beinhalten neue Anforderungen an das Bestattungsgesetz und erweitern die interdisziplinäre Diskussion mit den Rechtswissenschaften und ethisch-religiösen Disziplinen wie der Theologie und Soziologie (Saternus; Bleyl; Tag).

Die Plastinationstechnik von GvH und seinen Mitarbeitern hat keine weiterführenden Forschungsergebnisse erbracht, doch sie ist international eingeführt (Jones 1997; 2002; Jones und Whitaker 2009). Von 1978–1991 sind von GvH acht Arbeiten mit „Peer Review“ als Erst/Seniorautor und drei als Koautor veröffentlicht. Der Schwerpunkt liegt auf der Verbesserung der Plastinationstechnik. Andere Gruppen entwickeln wissenschaftliche Fragestellungen für die Plastination. Unter dem Schlagwort „Plastination“ in der Literaturbank „PubMed“ werden, bilanziert im Jahr 2010, 292 Publikationen, 480 Mitteilungen und technische Mitteilungen erwähnt. Vertreter der Plastinationstechnik sind in der Internationalen Gesellschaft für Plastination repräsentiert, deren 5. und 14. Tagung GvH 1990 in Heidelberg und 2008 in Heidelberg und Guben GvH ausrichtete. Die „Zeitschrift für Plastination“ ist mit der Gesellschaft assoziiert. Von weltweit 37 Laboren für Plastination finden sich 11 in Europa und 24 Labore in Nordamerika. Ihre Hauptaufgabe konzentriert sich auf die Herstellung von Exponaten für den Unterricht in der Human-und Veterinärmedizin.

Als Schlussfolgerung ergibt sich: In „Körperwelten“ werden keine Forschungsprojekte vorgestellt oder neue Ergebnisse erarbeitet. „Körperwelten“ sind keine Wissenschaft. Ihr Sinn liegt in der Aus-und Weiterbildung (Jones 1997; Jones 2002; Jones and Whitaker).

„Körperwelten“ gestern und heute

Anatomische Wachsfiguren sind Sammelobjekte im 18. Jahrhundert. Strukturen präparierter Siten wurden mit farbigem Wachs mit dem Ziel durchtränkt, dem Betrachter die Anatomie und die Vergänglichkeit des Menschen nahe zu bringen. Das „mememto mori“ ist eindrucksvoll im Museum „Specola, in Florenz, zu sehen, wo die Wachsfiguren von Felice Fontana (1730–1805) archiviert sind. In der weltberühmten Sammlung „Josephinum“ in Wien, benannt nach dem österreichischen Kaiser Josef II (1741–1790) als Initiator, findet sich unter den Wachsfiguren eine junge Frau mit lockigem, blonden Langhaar und Perlenkette als Halsschmuck; Brust-und Bauchraum sind eröffnet. Der Schauer beim Betrachter ist ähnlich der Ergriffenheit vor einem Gestaltplastinat von GvH, weil die Ehrfurcht und Angst im Grenzbereich von Leben und Tod in allen Zeiten existiert. „Vergangene Körperwelten“ mit Wachsfiguren werden durch Gipsmodelle zu Ende des 19. Jahrhunderts erweitert, entwickelt vom Anatomen Wilhelm His (1831–1904) und dem Künstler Joseph Steger (1845–1938) in Leipzig. Naturalistisch bemalte Gipsabdrücke präparierter Torsi veranschaulichen schrittweise den Weg durch den menschlichen Körper. Der weltweite Vertrieb der His-Steger Gispmodelle bringt der Leipziger Anatomie Gewinn an Einnahmen und neue Lehrmodelle für die

Weiterbildung im Fach Anatomie. Gipsmodelle sind Vorläufer der Ganzkörperplastinate. Gunther von Hagens erreicht einen neuen Standard der öffentlichen Präsentation von „Körperwelten“, indem sich ein wegweisende Zusammenarbeit mit naturwissenschaftlichen Museen der Vereinigten Staaten ergibt. Große Sponsoren wie Harvard Klinik in Boston, Rotes Kreuz, Baylor College für Medizin in Houston, American Lung Association sowie der „Association of Anatomists“ schließen sich an. Für die „Körperwelten 2004“ in Nordamerika wird extern überprüft, ob die Körperspende freiwillig und ohne Entgelt war (Moore und Brown 2007). Ein Beirat für Ethik, Religion und Medizin ist in die Gestaltung der Ausstellung einbezogen und bietet begleitend tägliche Vorlesungen an. Wissenschaftliche Auswertungen von 2200 Kommentaren im Gästebuch der Ausstellung 2002 in London belegen, dass die Ausstellung als praxisnahe Aus- und Weiterbildung bewertet wird. Das Gefühl der Einheit und Verbundenheit mit allen Lebewesen wird intensiv empfunden (Walter 2002).

> „The exhibition did wonders to enhance and reinforce my anatomy knowledge;“
> „..learnt more about the body in two hours than in three years of training;“
> „ In my anatomy class I could never find things, and I never learnt much “.
> „Under the shell of our skins, our bodies are all so similar, regardless of color of skin“.

Besucher bedanken sich bei den Körperspendern, die mit ihrem Vermächtnis die Einzigartigkeit der Schöpfung bezeugen. Frauengruppen reagieren empört auf das Plastinat einer Schwangeren mit eröffnetem Bauch, weil die Frau als Reproduktionsmaschine dargestellt sei. 20 Millionen Besucher der „Körperwelten“ in drei Kontinenten (Nordamerika, Europa und Asien) kommen zu vergleichbaren Empfindungen, wie 2500 Kommentaren entnommen ist (Moore und Brown 2007).

In der Gesamtschau vermittelt GvH mit seinen „Körperwelten“ nachhaltige Lehre im Fach Anatomie sowohl für das Fachpublikum als auch für den Laien. Die innovative Didaktik mit Vorlesungen, Seminaren, und Katalogen ermöglicht einen nüchternen Zugang zu „Körperwelten“ für die Aus-und Weiterbildung. „Körperwelten“ vernetzen das Fach Anatomie mit anderen Disziplinen und Berufsgruppen (Saternus 1998; Bleyl 1999; Tag 2002). Ein frühes Beispiel aus der Renaissance ist das Gemälde des 25-jährigen Rembrandt im Jahr 1632, in dem Dr. Tulp als „praelector anatomiae“ sechs Mitglieder der Amsterdamer Chirurgengilde unterrichtet.

Pro und contra „Körperwelten"

„Körperwelten" als Subdisziplin der Anatomie werden kontrovers und zeitabhängig unterschiedlich beurteilt (Bohannon; Singh). 1996/97 wird von der 1. „Körperwelt" in Japan und der begeisterten Resonanz bei der Bevölkerung berichtet. Nachfolgend gezeigte „Körperwelten" in München, Stuttgart, Hamburg und Frankfurt haben den Charakter eines „Kulturkampfs" zwischen bewundernder Annahme und kompromissloser Ablehnung (Maintz; Wetz; Preuß).

„Körperwelten" werden benannt als Frankenstein's Gruselkabinett, Disney's Todeswelt, Show der Sensationen und des Voyeurismus, als Skulpturen aus Fleisch mit willkürlichen, grotesken Verformungen (Moore und Brown). Die Echtheit („real world") der Originale wird bei Exponaten mit 70% Harzanteil bezweifelt. „Körperwelten" verunglimpfen Verstorbene und stören deren Totenruhe. Die Tabubrüche bedeuten Grenzüberschreitungen in Ethik und Religion. Sie führen zu Abstumpfungen gegenüber dem Leben. In „Körperwelten" werde ein Handwerk profitdienlich eingesetzt.

Positive Stimmen sind mit der professionellen Präsentation seit 2003 verstärkt zu hören. 94% seien gegen ein Verbot der „Körperwelten" (Leiberich). Die Anatomie für Jedermann sei eine authentische und ästhetische Feier des Lebens. Jeder erkenne sich im Gegenüber, der einer von uns ist. Die künstlerisch-kreative Verfremdung der Gestaltplastinate fasziniere und mache ehrfürchtig. „Körperwelten" seien keine billige Unterhaltung, sondern innovativ und revolutionär im Fach Anatomie. „Körperwelten" sei Kunst, die mit höchster Perfektion kostendeckend ausgeübt wird. Die Plastination kann eine neue Form der Bestattung werden. Gunther von Hagens hat die kontroversen Haltungen trefflich kommentiert:

> Der Beuys hat um die Gunst des normalen Volkes gebuhlt und die Zustimmung der Intellektuellen gefunden. Ich habe um die Gunst der Kollegen gebuhlt und die Zustimmung des Volkes gefunden (Peuker und Schulz).

In diesem Sinn wollte GvH ein Plastinarium in Guben als einzigartiges anatomisches Kompetenzzentrum mit interaktiven Präparationstechniken für eine praxisnahe Ausbildung und Forschungszwecke wie neue Operationstechniken entwickeln. www.plastinarium.de. Die Ausgestaltung des Plastinariums wird 2011 wegen fortgeschrittener Parkinson-Erkrankung von GvH stark eingeschränkt. Andere werden sein Werk fortsetzen.

Literaturangaben

Bleyl, Uwe.“,Der Mensch muss immer Zweck an sich selbst bleiben‘. Der rechtsethische Vorbehalt gegen die sog. Anatomiekunst“ in: *Annals of Anatomy* 1999;181:309-316.

Bohannon, John. „Anatomy's full monty“ in: *Science* 2003; 301:1172-1175.

Jones D. Gareth

—. „Anatomy departments and anatomy education: reflections and myths“ in: *Clinical Anatomy* 1997;10:34-40

—. „Re-inventing Anatomy: The impact of plastination on how we see the human body“ in: *Clinical Anatomy* 2002; 15:436-440.

Jones, D. Gareth; Whitaker, Maja I. „Engaging with plastination and the Body World's phenomenon: a cultural and intellectual challenge for anatomists“ in *Clinical Anatomy* 2009; 22:770-776.

Leiberich, Peter; Loew, Thomas; Tritt, Karin, et. al. „Body worlds exhibition-visitor attitudes and emotions“ in: *Annals of Anatomy* 2006; 188:567-573.

Maintz, Gunda. „Kunst mit toten Körpern“ in: *Deutschsches Ärzteblatt* 1999; 96:A212.

Moore, Charleen M.; Mackenzie-Brown, C. „Experiencing Body Worlds. Voyeurism, Education, or enlightenment“ in *Journal of Medical Humanities* 2007; 28:231-254.

Peuker, Torsten, C.; Schulz, Christian. *Der über Leichen geht*. Berlin: Ch. Links Verlag 2004.

Preuß, Dirk. „Body Worlds: looking back and looking ahead“ in: *Annals of Anatomy* 2008; 190:23-32.

Saternus, Klaus-Steffen. „Aufklärung oder Gruseleffekt?“ in: *Ethik in der Medizin* 1998; 10:40-42.

Singh, Debashis. „Scientist or showman?“ in: *BMJ* 2003; 326:468.

Tag, Brigitte. „Hier dient der Tod dem Leben“ in: *Deutsches Ärzteblatt* 2002; 15: B831-834.

von Hagens, Gunther; Tiedemann K, Kriz W. „The current potenital of plastination“ in: *Anatomy and Embryology* 1987;175:411-421.

Walter T. „Body Worlds: clinical detachment and anatomical awe“ in: *Sociology of Health and Illness*. 2004;26:464-488.

Whalley Angelina Q.; Wetz Franz J. (Hrsg). *Der Grenzgänger. Begegnungen mit Gunther von Hagens*. Heidelberg: Arts and Sciences 2005.

Wetz, Franz J. „Tote sind nur ein Problem für Lebende. Menschenwürde und Plastination“ in: *Annals of Anatomy* 2000; 182:385-391

www.plastinarium.de

ELMAR SCHENKEL

Bewegungen aus dem Abseits

Vom Nutzen und Nachteil des Exzentrischen in der Wissenschaft

Seit gut zwei Jahrzehnten ist der Querdenker angesagt. Quergedacht wird in christlichen Kirchen ebenso wie in den Modeagenturen. In den Vorgärten aller Parteien stehen die Querdenker wie Gartenzwerge als Mahner oder Stichwortgeber bereit und gerne treten sie als Schlichter auf. Oft entstammen sie dem evangelischen Lager. Die Leiter reicht vom kulinarischen Querdenker Herwig Ertl über Erhard Eppler bis hin zu *Gott als Querdenker: Die Zehn Gebote aktualisiert für die Gegenwart* (Naujokat). Volkshochschulen sind längst zu Querdenkerschmieden geworden. Das Querdenken ist in Sonntagsreden ebenso beliebt wie die Interdisziplinarität, die ebenfalls immer wieder von den Wissenschaften eingefordert wird und Grundlage für Exzellenz sein soll. In einem Zeitalter, in dem die höchste Form der Intelligenz sich in Netzen manifestiert und Vernetzung ad ultimo gefordert wird, muss einer, der Verbindungen knüpft, besonderes Prestige haben und wer anders wäre das als der Querdenker (vgl. Hecht). Der Querdenker ist jedoch eine Art Endmoräne, ein schwaches, gesellschaftlich akzeptiertes Abbild früherer Zwangsneurotiker, Fetischisten, Animisten und Autisten. Allen gemeinsam ist die Fähigkeit, Verbindungen zwischen heterogenstem Material zu stiften. In dieser Hinsicht waren sie den Poeten ähnlich, denn Metaphern bestehen bekanntlich aus Zuordnungen von Bereichen, die gewöhnlich nichts miteinander zu tun haben. Dadurch entfaltet sich manchmal eine neue Energie, die beide Bereiche in ein neues Licht stellt. Synästhesie ist eine besondere Form solcher Verschmelzung und soll in einer früheren Phase der Menschheit viel stärker vorhanden gewesen sein (Ramachandran 77-83).

Die metaphorischen Fähigkeiten des Menschen, die uns dazu verhelfen, den Mond mit einer Münze zu vergleichen, sind jedoch nicht nur auf die Poesie beschränkt. In der Geschichte der Wissenschaft spielen sie ebenso eine bedeutsame Rolle. Die, die zu ihrem eigenen Schaden oder Nutzen Entlegenes verbunden haben, nennen wir auch Exzentriker. Das Exzentrische kann sich sowohl in der wissenschaftlichen Denkart zeigen wie auch in Lebensformen. Idee und Alltag sind nicht immer zu trennen. Wie das Wort Exzentriker etymologisch andeutet, geht es dabei um eine Position in Bezug auf das Zentrum. In diesem Fall wird dieses gebildet von einer öffentlich beglaubigten Wissenschaft, die in der Mitte der Gesellschaft mit all deren Fördermitteln und popularisierenden Begleitungen steht. Je näher an der Mitte, desto besser fließen die Mittel. Da möchte man geradezu von einem Drittmittelpunkt sprechen. Der Exzentriker definiert sich nun nach dem Abstand, den er oder sie von diesem im Übrigen flottierenden Zentrum einnimmt. Die Gaußsche Glocke ist immer in Bewegung und so kann es sein, dass der Exzentriker von gestern die Disziplin von morgen bestimmt und dass heutige Koryphäen in den Orkus der Scharlatanerie oder des Irrtums gestoßen werden.

Es gibt viele Gründe, warum man nicht in der gesellschaftlich-wissenschaftlichen Mitte steht. Soziale Einstellungen, Herkunft, Krankheit, genetische Anlage, psychische Auffälligkeit, bewusste Abwendung vom Mainstream, Erleuchtung, ob echt oder vorgeblich, die von den Konventionen befreit, Prophetie – alles ist denkbar, auch in Kombination. Was immer der Auslöser und die Ursache sein mögen, wichtiger ist, wie die Störung (im neutralen Sinne) von der Gesellschaft, in diesem Fall vom Wissenssystem aufgefangen wird: wird sie marginalisiert, unterdrückt, gebrandmarkt und pathologisiert oder wird sie kreativ umgesetzt und nutzbar für die Allgemeinheit gemacht? Generelle Aussagen lassen sich nicht treffen, es kommt immer auf die Einzelfälle, die psychophysischen Gegebenheiten wie die historisch-politische Strömung der Zeit an. Dennoch wiederholen sich die Muster, so dass sich Richtungen und Modelle zeigen lassen.

Ich möchte im Folgenden einige interessante Exzentriker und ihre Beiträge zur Wissenschaft vorstellen, um letztlich die Frage zu beantworten: Wie sollen wir eigentlich mit dem Exzentrischen in den Wissenschaften umgehen?[1]

Vieles, was die Exzentrik-Forschung bisher herausgefunden hat, trifft auf die entsprechenden Wissenschaftler zu. David Weeks hat einmal die positiven und die negativen Charakterzüge von typischen Exzentrikern gegenüber gestellt. Als positiv verbucht er folgende Eigenschaften: Kreativität, Langlebigkeit, Neugier, Idealismus, Zufriedenheit, Intelligenz, schelmisches Wesen. Negativ fällt ihm auf, dass Exzentriker oft unangepasst bis widerspenstig, arrogant, egozentrisch, eigenbrötlerisch und gleichgültig gegen allgemeine Probleme seien. Dazu kommt eine – neutral zu bewertende – ungewöhnliche Lebensweise, die oft mit der Nahrungsaufnahme zu tun hat (Weeks 19-21). Hier sei nur an die Gräfin von Eglin-toune erinnert, die ihre Mahlzeiten gemeinsam mit ihren hunderten von Ratten einzunehmen pflegte (Weeks 65). Möglicherweise gibt es in der anglo-amerikanischen Welt mehr Exzentriker als anderswo. Es kann an einem ausgeprägten Hang zum Individualismus liegen, der sich schon früh in der englischen Gesellschaft und

1 Die meisten der hier besprochenen Biographien habe ich ausführlicher behandelt in meinem Buch *Die elektrische Himmelsleiter. Visionäre und Exzentriker in den Wissenschaften.*

später auch in den frühen USA bemerkbar macht. Ein wunderbares Panoptikum britischer Exzentriker findet sich bei Edith Sitwell und Henry Hemming. Aber um diese nationalen Besonderheiten soll es hier nicht gehen. Vielmehr um die Frage, inwieweit Wissenschaft als Lebensform immer schon Exzentriker angelockt oder hervorgebracht hat.

Das geduldige Experimentieren, die Konzentration auf das Nicht-Alltägliche, die Hingabe an das Objekt unter Vernachlässigung des Subjektiven sind Kennzeichen von Wissenschaft, die nicht selten zu exzentrischen Lebensläufen führen. Das Spektrum reicht dabei von der notwendigen bis zur pathologischen Schrägheit des Daseins. Der Biologe Lewis Wolpert hat auf die unnatürliche Seite – die a-soziale und kontraintuitive Seite – der Wissenschaft hingewiesen. Wissenschaft und *common sense* seien schlicht nicht kongruent (Wolpert 11). In diesem Sinne muss ein Wissenschaftler oder ein von wissenschaftlicher Neugier angetriebener Mensch immer über das Alltägliche hinausgehen und sei es nur, indem er dieses ganz besonders fokussiert und vergrößert: Woher kommt der Schaum der Seife, warum wirft das Wasser Blasen beim Kochen? Jede solche Frage kann zu einem Hindernis beim Waschen oder Kochen werden. Wissenschaft, wie sie seit Francis Bacon betrieben wird, führt zu merkwürdigen Blüten an Fragen, Erfindungen und eben auch Menschen. Hinzu kommt ein weiterer Faktor. Der Psychiater Anthony Storr hat in einer Studie über Kreativität die Notwendigkeit des Alleinseins, ja einer gewissen Asozialität des Genies – ob nun wissenschaftlich oder künstlerisch – herausgestellt. Kreative Menschen sind oft Beziehungen gegenüber negativ eingestellt, sie ziehen das Alleinsein vor. Dies geht möglicherweise auf eine innere Verweigerung von Gesellschaft zurück, da diese den Einzelnen von sich entfremdet und fortwährend Anpassungen einfordert (Storr 56f.). Das hatte schon früh der Lausanner Arzt Samuel-Auguste Tissot erkannt, als er über die Gesundheit der Gelehrten schrieb: Sie sondern sich oft ab vom menschlichen Geschlecht wie gewisse „Indianische Fackirs." (Tissot 61) Diese Absonderung und anhaltende Hitze im Gehirn wiederum führt nach Tissot zu allerlei Gebrechen wie Hypochondrie, melancholische Raserei, Wassersucht, Stein, Schlagfluss, Verstopfung, Zusammenschrumpfen, Verhärten, Erstarren, Konvulsionen und Hämorrhoiden. Halluzinationen hat er ebenfalls festgestellt. So fühlte sich ein Gelehrter aufgrund zu vieler und intensiver Studien wie Butter, ein anderer erkannte sich als Laterne (Tissot 43-45). Diese Erkenntnisse aus der Mitte des 18. Jahrhunderts sind wissenschaftlich noch nicht überprüft worden, es dürfte ihnen aber nicht alle Wahrheit abgehen. Die Wissenschaft lockt zudem durch ihre Objektivierung immer gerne Menschen an, die eher zum Unpersönlichen als zum Persönlichen neigen. Das gilt insbesondere für die Naturwissenschaften, die daher immer noch stark männlich dominiert werden. Man kann so von einer wissenschaftlich erforderlichen Exzentrizität sprechen, was zunächst einmal nur den Denkstil betrifft, mit dem der Alltag als pragmatischer Zusammenhang aus den Augen gerät und merkwürdige Fragen verfolgt werden. Exzentrizität kann sich sodann auf die Lebensweise ausdehnen. Auch innerhalb des wissenschaftlichen Spektrums kann eine exzentrische Position zu den Hauptfragen der jeweiligen Zeit und Disziplin eingenommen werden. Sie kann Erkenntnisziele ebenso betreffen wie Methoden. Nach Thomas S. Kuhns bahnbrechenden Studien zur Entwicklung von Wissenschaft schlagen sich ohnehin soziale und politische Einstellungen stärker auf die Richtung der Wissenschaft nieder als bislang angenommen (Kuhn 15-24 und passim). Wissenschaft entwickelt sich nicht zwangsläufig aus ihren eigenen logischen Notwendigkeiten heraus weiter, sondern ist mindestens genauso durch Einflüsse aus den jeweiligen sozio-historischen Umwelten bedingt.

Im Folgenden möchte ich fünf Typen von wissenschaftlichen Exzentrikern vorstellen: die Spinner, die radikalen Empiriker, die Doppelgesichtigen, die Einzelgänger und die Visionäre.

1. Spinner

Diese Gruppe von Wissenschaftlern verfolgt unmögliche Ziele und verteidigt ihr Vorgehen oft mit fanatischen Mitteln. Gedacht sei hier an alle Erfinder des Perpetuum mobile, an die Verteidiger der Flachen Erde, an diejenigen, die die Zauberformel für die Quadratur des Kreises anbieten. Martin Gardner hat sie alle in seinem fabulösen Buch *Fads and Fallacies in the Name of Science* aufgeführt. Ich möchte seiner stupenden Galerie noch Johann Ernst Elias Bessler, genannt Orffyreus, hinzufügen. 1680 wurde er bei Zittau geboren und war bald bewandert in Mechanik wie Astrologie, in Alchemie wie Glasbläserei. Solches Talent darf nicht ungenutzt verstreichen. In einem Kloster soll er einen automatischen Bratenwender entdeckt haben, der ihn auf die Idee der nimmermüden Drehung brachte. Zuvor legte er sich noch einen Goldmachernamen bei, Orffyreus eben, den er sich durch kabbalistisches Buchstabenspiel aus seinem Namen zurechtlegte. Bald widmete er sich dem Perpetuum mobile, stellte Maschinen in Merseburg und Kassel aus, ließ sich auf Händel mit Konkurrenten und Skeptikern ein, gegen die er Pamphletkriege entfachte. Das berühmte Rad von Kassel wird gegen alle Feinde gebaut und dreht sich vom 12. November 1717 an ohne Unterlass. Die Wissenschaftler sind ablehnend (Leibniz) bis erstaunt (s'Gravesande), der Landgraf von Kassel schließt Betrug ebenso aus wie Bessler keine Inspektion im Inneren des Rades erlaubt. Später meldet sich eine

Magd, die angeblich in einem Nebenraum die Kurbel gedreht habe. Sie muss unter dem Druck des Herrn Orffyreus widerrufen. Seine Schriften sind leider so unleserlich wie viele andere Ergüsse von Perpetuum-Mobilisten. 1775 verkündete die Pariser Akademie, dass sie keine Patentanträge für das Perpetuum mehr anschauen werde. Doch bis heute treibt das Bessler Wheel sein Unwesen im Internet. Immer wenn man sich dem Werk dieser Spinner nähert, verschließen sie einem die letzten Türen, durch die man ihr Wunderwerk betrachten könnte. Der Spinner ist daran zu erkennen, dass er von einem bestimmten Punkt an notwendigerweise die Flucht ergreift.

2. Radikale Empiriker

Ganz anders sieht es bei denen aus, die die Empirie zum obersten Gesetz erhoben haben und nicht nur sich als Person nicht ausschließen, sondern mit ihren Untersuchungen oft bei sich selbst anfangen. Für diese Gruppe bietet insbesondere das viktorianische England reichhaltiges Anschauungsmaterial. Ein echter Gentleman muss sich zunächst selbst opfern, bevor er dies anderen zumutet. Radikal sind sie auch in dem Sinne, dass sämtliche gesellschaftlichen Phänomene dem wissenschaftlichen Rechnen unterzogen werden. Diese Gestalten haben durchaus einen gewichtigen Einfluss auf die Wissenschaften und noch mehr auf die Gesellschaft gehabt.

Beginnen wir mit Charles Babbage (1791–1871), von dem behauptet wird, er habe den Vorläufer des Computers erfunden. Seine Analytical Engine und Difference Engine waren jedenfalls Versuche, komplexe Rechenvorgänge zu mechanisieren, auch wenn er sie nicht bis ins Letzte realisieren konnte. Das Londoner Science Museum hat die nie vollendete Difference Engine schließlich in den 1990ern nachbauen lassen. Babbage arbeitete bei diesen Projekten mit der Tochter von Lord Byron zusammen, der großen Mathematikerin Ada Lovelace.

Babbage war ein unermüdlicher Erfinder und Denker. Als junger Mann beschloss er herauszufinden, wie es sei, wenn man gebacken wird. Mit anderen Worten: wie fühlt es sich an, ein Brot zu sein? Er konnte es nicht herausfinden, denn er musste bald den Backofen verlassen. Das Babbage-Brot ist uns glücklicherweise erspart geblieben. Er wuchs in einem bibelgesättigten Milieu auf und sah keinen Grund, die Heilige Schrift von einer wissenschaftlichen Prüfung auszunehmen. So reizte es ihn zu wissen, wie denn Jesus nun wirklich auf dem Wasser gewandelt sein und ob man dies als Experiment nachstellen könnte. Er baute sich daher Wasserschuhe, die wie ein Buch auf- und zuklappen konnten und bewegte sich tatsächlich einige Meter damit auf dem Wasser oder besser im Wasser. Kopf und

Schultern ragten immerhin heraus. Auch den Teufel unterzog er einer Prüfung, die dieser allerdings nicht bestand; bei einer Beschwörung gelang es diesem nicht, sich zu manifestieren und damit war für Babbage das Kapitel erledigt.
In Frankreich hatte er die Unmengen von logarithmischen Tafeln kennengelernt, die zum großen Teil von arbeitslosen Friseuren aufgestellt worden waren. Diese Arbeit musste vereinfacht werden und so entstanden seine Rechenmaschinen.

Die Welt berechenbar zu machen, aber das Rechnen zugleich zu vereinfachen, darin lag das eigentliche Ziel dieses viktorianischen Helden. Quantifizierung ist nicht exzentrisch, im Gegenteil. Es liegt im Hauptstrom der Geschichte europäischer Rationalität. Dennoch zeigt sich, dass die Reduktion der Welt auf Zahl in ihrer Radikalität exzentrisch wird. Kein anderer zeigte das deutlicher als Babbages Zeitgenosse Francis Galton. Galton (1822–1911) war ein weiterer von Empirie und Statistik besessener Viktorianer. Das Interesse an Vererbung muss in der Familie vererbt worden sein; Galton war ein Cousin von Charles Darwin. Er ist als Vorreiter der Eugenik-Bewegung in die Geschichte eingegangen und somit ein Wegbereiter für die rassistisch motivierte Erbauslese bis hin zur Euthanasie. In *Hereditary Genius* untersuchte er die Vererbarkeit von Fähigkeiten bei Richtern, Ringern und Ruderern, aber auch bei Politikern, Literaten und Musikern. Alles wurde dem Gesetz der Zahl, das man eher einen Fluch nennen sollte, unterzogen. Der radikale Zähler unterwarf das Gewicht britischer Adliger seiner Kalkulation ebenso wie die durchschnittliche Länge von Galgenstricken oder Anzahl der Pinselstriche eines Gemäldes. Er baute Geräte zur Messung von Langeweile oder Schönheit, maß die Lüge und die Wirksamkeit von Gebeten. Nicht einmal vor dem Kopfwachstum von Studenten an der Universität Cambridge machte er halt, nicht vor geisteskranken Katzen oder der Ohnmacht bei verletzten Fingern. Berühmt wurde er als Entdecker des Fingerabdrucks für die Kriminologie.

Sein Empirismus und Messwesen schloss selbstverständlich auch sein eigenes Leben ein. Er übte sich im Magnetisieren, studierte das akustische Spektrum von Tieren, indem er mit einer Hupe durch den Zoo ging. Als Medizinstudent wollte er die Wirkungen aller Medikamente kennenlernen, begann mit dem Buchstaben A, musste aber bei C, dem Croton Oil (Rizinusöl) sein Experiment einstellen. Er widmete sich der Selbstbeobachtung, etwa der Frage, wie man einen Wahn entwickelt, was ihm tatsächlich gelang. Auch interessierte ihn die Entstehung des religiösen Gefühls und er hatte Erfolge dabei, dieses bewusst in sich mit Hilfe einer Karikatur aus dem Satiremagazin *Punch* zu induzieren. Nicht zuletzt soll er den Schlafsack in Europa popularisiert haben. Aus dem Rückblick klingen diese Dinge sehr skurril, verglichen mit dem, was aus der Eugenik wurde. Sie fügen sich aber mit anderen Bausteinen des 19. Jahrhunderts zusammen, etwa mit dem früheren Versuch des Juristen und Sozialreformers Jeremy Bentham, das Glück mathematisch zu berechnen. Galton verkörperte viele Tendenzen des viktorianischen Zeitalters und zeigte bewusst wie unbewusst, wohin die Wissenschaft führen kann, nämlich bis zur Selbstzerstörung von Individuum und Gesellschaft. In seinen Übertreibungen erkennen wir die Signatur des Jahrhunderts und dessen, was da kommen sollte.

3. Doppelgesichtige

Mit diesen meine ich jene Wissenschaftler, die sich einen großen Namen gemacht haben aufgrund von Entdeckungen und Berechnungen, die aber parallel zu ihrer modernen Rationalität weiterhin eine mittelalterliche oder okkulte Praxis pflegten. Sie sind so einerseits zentral, andererseits auch exzentrisch. Manchmal wirkt das eine auf das andere zurück. Als Beispiele seien Kepler und Newton genannt.

Johannes Kepler (1571–1630) ist in die Wissenschaftsgeschichte eingegangen als der Entdecker der drei nach ihm benannten Gesetze über die Bewegung der Planeten. Sie bildeten die Grundlage für Newton und alle spätere Astronomie bei der Beschreibung des Sonnensystems und der Berechnung von Gravitationskräften. Der Weg zu diesen Gesetzen war jedoch nicht ein strikt rationaler. Vielmehr wollte er ursprünglich beweisen, dass die Planeten zueinander stehen in Proportion zu idealen geometrischen Körpern. Ihre Bewegung musste kreisförmig sein! Nach und nach wurde er gezwungen, von diesen Vorstellungen Abschied zu nehmen. Dennoch war diese pythagoräische Einstellung zu astronomischen Problemen wegweisend, ähnlich wie Kolumbus wohl nicht Amerika entdeckt hätte, hätte er nicht geglaubt, nach Indien zu segeln. Missverständnisse, Fehlberechnungen und exzentrische Ideen, die noch einer früheren wissenschaftlichen Periode entstammen, können daher durchaus produktiv wirken. Bei Kepler, der zudem als Astrologe tätig war, gibt es also eine Auswirkung seiner veralteten Bilder auf die entstehende Wissenschaft.

Sicherlich war die Trennung zwischen altem und neuem Weltbild bei Newton schon weiter fortgeschritten. Dennoch existierten beide nebeneinander und lösten sich wörtlich ab wie Tag und Nacht. Vor der Öffentlichkeit nämlich hielt der große Engländer seine nächtlichen Experimente und Berechnungen geheim. Während er sich am Tage mit dem Licht und der Mathematik beschäftigte, wendete er sich – überspitzt gesagt – nachts der Alchemie, der Astrologie und der Zahlenmagie zu. Seine alchemistischen Notate wurden erst nach seinem Tod entdeckt und werden immer noch ausgewertet (vgl. di Trocchio 292-96). Gibt es etwas, was das vormoderne Weltbild der Alchemie mit dem modernen physikalischen Weltbild verbindet? Möglicherweise ist es der Begriff einer allumfassenden Einheit. Wo die Alchemie den Stein der Weisen suchte, sucht die moderne Wissenschaft immer noch nach der Einheitsformel, die sämtliche Kräfte des Universums beschreibt und berechenbar macht. Newton selbst war – bei allem Stolz auf seine Leistungen – bescheiden. Seine Entdeckungen verglich er mit Kieselsteinen am Rande eines großen Ozeans.

In beiden Fällen zeigt sich, dass die doppelte, also zentrale und exzentrische Position innerhalb der Erkenntnislage eines Denkers, nicht blockieren muss, sondern ihre eigene Dynamik entfalten kann. Der exzentrische Teil – religiöse Vorstellungen, Esoterik, veraltetes Wissen – kann, wie di Trocchio (25-33) an Kolumbus gezeigt hat, durchaus motivierend wirken für die moderne Erkenntnissuche mit den Mitteln der Wissenschaft.

4. Einzelgänger

Die hier zu besprechende Exzentrizität ist verbunden mit einer Stellung zwischen den Wissenschaften, die zur Isolierung oder Missachtung führen kann. Diese Denker stehen zwischen allen Stühlen, teils weil ihre Denkart sie dort positioniert, teils weil sie durch ihre Mehrfachbegabung offiziell anderen Disziplinen angehören als denen, in denen sie mit neuartigen Kenntnissen hervortreten. Ein weiterer Grund kann geschlechtspezifisch sein: nur weil der Wissenschaftler eine Frau ist, wird sie nicht wahrgenommen oder verächtlich gemacht. Von Hypatia bis Marie Curie-Skłodowska sind Frauen Anfeindungen ausgesetzt gewesen. Wenn sich eine Adlige wie Margaret Cavendish, die Herzogin von Newcastle, über Physik und die Atomlehre ausließ, hat man dies sogleich karikiert, wobei sie sicherlich auch eine exzentrische Erscheinung war. Aber letztere rückte eben stärker in den Vordergrund, weil es sich um eine Frau handelte. Bei einem Mann hätte man mehr Exzentrizität in Kauf genommen, ohne dass die Theorie darunter Schaden gelitten hätte. Hier wurde und wird mit zweierlei Maß gerechnet.

Zwischen allen Disziplinen befand sich der englische Mathematiker Charles Hinton (1853–1907), der aufgrund einer Bigamieklage das Land verlassen musste und sich danach in Japan und den USA aufhielt. Sein Gebiet war die nichteuklidische Geometrie und die Vierte Dimension, über die er Traktate und Kurzgeschichten schrieb. Er entwarf auch ein mnemotechnisches System, mit dem man seine geometrischen Vorstellungen erweitern sollte. Leser, die es versuchten, berichten von Kopfschmerzen. Vor allem machte er sich einen Namen mit sogenannten Tesseracten, d.h. geometrischen Figuren, die das dreidimensionale Abbild einer vierten Dimension darstellen. Mit diesen beeinflusste er unter anderem die abstrakte Kunst eines Malevich oder Kupka. Er saß zwischen den Stühlen, weil er sich als Mathematiker mit Science Fiction und als Schriftsteller mit komplizierten geometrischen Gebilden beschäftigte. Um 1900 gab es einen Boom in der Beschäftigung mit der Vierten Dimension. Nicht zuletzt Einstein sollte sich bald darauf den Begriff der Zeit als Vierter Dimension vorstellen. Hinton sah die Vierte Dimension sowohl räumlich als auch zeitlich. Aber die Beschäftigung mit Dimensionalität sprengte die Grenzen von Mathematik, Philosophie, Theologie und Literatur, und deshalb konnte Hinton niemals zu einer Größe im Kulturleben seiner Zeit werden. In den USA ist er möglicherweise eher bekannt als der Erfinder der Baseballkanone.

Ein weiterer Außenseiter war Hugo Kükelhaus (1900–1984). Der in Essen geborene Denker und Praktiker wollte nach seinem Abitur nicht studieren, sondern zunächst einmal eine Zimmermannslehre machen. Dann belegte er an der Universität Mathematik, Philosophie, Logik und andere Fächer ohne Abschluss. Gemäß seinen zahlreichen Interessen wurde er Freischaffender: Möbelschreiner, Spielzeugdesigner, Architektenberater, Pädagoge, Philosoph, Maler, Gartenbauer, Autor, Ökologe und so manches andere. Verwirklichung fand er nur in der Vielfalt und darin tat er es seinem Vorbild Goethe nach. Das spiegelt sich auch in seinem experimentellen „Erfahrungsfeld der Sinne", das unter diesem oder anderen Namen inzwischen sehr weit verbreitet ist – von Zürich bis Flensburg. Darin finden sich Objekte und Apparate, die die Sinnestätigkeit bewusst machen sollen, denn nur so kann nach Kükelhaus eine Wende eintreten im Umgang des Menschen mit der Natur und sich selbst. Einige dieser Objekte sind von Goethe inspiriert, etwa ein Gerät zur Farb- und Lichterscheinung. Goethe hatte jedoch den Vorteil, dass er sich als literarischer Autor einen großen Namen gemacht hatte; deshalb nahm man nolens volens auch seine naturwissenschaftlichen Erkenntnisse wahr, jedenfalls konnte man ihn nicht beiseitestellen. Eine solche Autorität aufgrund öffentlicher Anerkennung wurde Kükelhaus nie zuteil. Man hielt ihn teilweise für einen obskuren Alchemisten – so wurde er mir gelegentlich dargestellt von Leuten, die ihn besucht hatten. Nichts könnte weiter von der Wahrheit entfernt sein, denn es ging ihm um Erfahrungen, die jeder am eigenen Leibe machen kann. Kükelhaus hatte sicherlich Einfluss auf die jüngere Generation, vor allem auf Architekten und Pädagogen, jedoch äußerte sich dieser eben in der Praxis. Über Kükelhaus' vielfältiges und oft unterschwelliges Weiterwirken heute informiert die Hugo-Kükelhaus-Stiftung Soest.

Zwischen allen Stühlen saß zeitweise auch der schwedische Dramatiker und Autor alchemistischer Traktate August Strindberg (1849–1912). Er war ein zerrissener und zugleich genial vielseitiger Mensch. In den Jahren 1894–1897 wandte er sich vom Theater ab und verfolgte chemische Experimente, über die er genau Buch führte. Wie Goethe nach der Urpflanze, so suchte er nach dem Urstoff, der prima materia. Er findet überall Korrespondenzen, nicht nur in der Chemie, sondern auch zwischen Chemie und Alltag. Er projiziert sein wahnhaftes System auf die Welt, die Namen, die Begegnungen. Er glaubt an die Transformation der Elemente und steht damit der chemisch-physikalischen Avantgarde nahe, die mit dem Radium gerade eben diese Eigenschaft entdeckt. Zufälle gibt es für diesen Faust des Nordens nicht. Nicht zuletzt widmet er sich auch der Malerei, der Sprachwissenschaft und der Geschichtsforschung. Nur wenige nehmen ihn hier wahr oder ernst. Wäre er nicht der große Dramatiker, so wäre er mit seinen anderen Beschäftigungen längst im Orkus des Vergessens verschwunden. So haben wir die Möglichkeit, seinen unruhigen Geist bei der Arbeit an sich und der Welt zu erleben und etwas über die Potentialität des menschlichen Denkens zu lernen.

Ähnlich wäre es Sir Arthur Conan Doyle (1859–1930) ergangen. Sein Detektiv, ein Feind von Esoterik und Spiritismus, bewahrte letztlich genau diesen Teil des Werks seines Schöpfers für die Nachwelt. Ohne Sherlock Holmes, den er gar loswerden wollte, was ihm jedoch nicht gelang, wäre Doyle ein obskurer Autor historischer und okkulter Werke geworden, den heute keiner mehr kennt. Die kulturell zentrierende Ikone eines Holmes aber rettete die exzentrischen Seiten seines Werkes für spätere Zeiten. Aus heutiger Sicht erscheint Doyles Einsatz für den Spiritismus als exzentrisch. Allerdings vergessen wir zwei Dinge: Erstens war es um 1900 auch für Wissenschaftler nicht abwegig, sich mit dem Spiritismus zu beschäftigen, zumal in England große Geister wie die Physiker William Crookes oder Oliver Lodge keine Berührungsängste hatten. Zweitens gab es in der Öffentlichkeit durch die vielen Toten im Ersten Weltkrieg ein großes Bedürfnis danach, mit den Verstorbenen in Kontakt zu treten. Doyle allerdings machte so etwas wie eine neue Religion aus dem Spiritismus und bereiste die ganze Welt mit Vorträgen, zu denen oft Tausende kamen. Seine Offenheit für alles Metaphysische brachte ihn auch in Schwierigkeiten, als er sich für zwei Mädchen einsetzte, die behaupteten, Fotos von Elfen geschossen zu haben. Gegen Ende seines Lebens nahmen seine exzentrischen Interessen überhand und das mag ein Grund sein, warum man außerhalb seiner Sherlock-Holmes-Geschichten heute nicht mehr viel von ihm wissen will. Allerdings ist er noch durch ein weiteres literarisches Werk im Halbbewußtsein der Öffentlichkeit geblieben. Sein Roman *The Lost World* wurde das Vorbild für Michael Crichtons *Jurassic Park*.

5. Visionäre

Im Allgemeinen rechnet man Visionäre nicht zu den Wissenschaftlern, verkörpern sie doch ein anderes Ideal von Wissen, das mit Erleuchtung und Offenbarung verbunden ist. Genau diese Wissensformen werden aber seit der Neuzeit nicht mehr als autoritativ anerkannt. Wer Visionen hat, wie Helmut Schmidt einmal gesagt hat, solle doch zum Arzt gehen. So einfach ist es allerdings nicht. Visionen im schwachen Sinne können einer Forschung (wie einer Politik) Ziele und Motivation geben. Dann sind sie zu verstehen als Idealbilder, die es zu verwirklichen gilt – sie können irrationaler Herkunft ebenso sein wie einer Zukunftsberechnung entstammen. Die Vision im starken Sinne, also als eine Erleuchtung, wie sie religöse Übungen begleiten oder unvermittelt, durch psychische Einstellungen, hereinbrechen können, scheint der Wissenschaft zunächst fremd zu sein. Dennoch sollte ein Blick auf die Wissenschaftsgeschichte zur Vorsicht anleiten. Irrationale Momente spielen bei der Erkenntnis immer eine große Rolle. Ernst Peter Fischer hat solche Momente in seinem hervorragenden Bändchen *Die aufschimmernde Nachtseite der Wissenschaft* reichhaltig dokumentiert. Das Licht der Aufklärung wird ohne die nächtliche Dunkelheit, in der Erkenntnis heranwächst, nicht sichtbar. So gibt es den Sonderfall des schwedischen Gelehrten, Philosophen und Theologen Emanuel Swedenborg (1688–1772). Swedenborg hatte Visionen von Jesus und den Engeln. Er erhält Einblicke in das Jenseits, wie sie zuvor niemand hatte. Er führt lange Gespräche mit den dortigen Bewohnern und mit den Engeln. Zugleich ist er einer der größten Wissenschaftler, Techniker und Erfinder seiner Zeit. Er entwickelte Pumpen und Dampfmaschinen, war ein führender Ingenieur im Bergbauwesen, verbesserte optische Geräte, mischte sich in philosophisch-theologische Debatten ein und pflegte mit dem schwedischen König wissenschaftliche Konversation. Swedenborg, ein schwedischer Leibniz, war ganz und gar kein romantischer Träumer, sondern stand mit beiden Beinen auf der Erde. Er war wissbegierig, bildete sich unermüdlich in allen möglichen Gebieten und begab sich auf große Forschungsreisen zu Bibliotheken und Bergwerken. Nebenbei führte er eine umfangreiche Korrespondenz mit den Großen seiner Zeit. Doch dieser Mann akzeptierte seine Träume und Visionen als einen integralen Bestandteil seiner selbst – auch wenn er dafür von Immanuel Kant in dessen *Träumen eines Geistersehers* (1766) angegriffen wurde. Die Visionen sah er nicht als Feinde des Verstandes, sondern als dessen Helfer. So notierte er in seinem Traumtagebuch immer wieder, wie Träume ihm Lösungen bei lang überdachten Problemen brachten: über die Funktionsweise von Drüsen oder über das Geheimnis der Muskeln. Bei seinen spirituellen Erleuchtungen, in denen ihm das Himmelreich geöffnet wird, brachte er die Gelehrtheit in die andere Welt, ja, die Regionen des Himmels wurden selbst zu Klassenzimmern, wie Ernst Benz über ihn schrieb. Seine Werke sieht er wie Blätter, die aus dem Himmel geworfen, doch von den Menschen unten zerrissen werden.

Swedenborg war sicherlich eine der merkwürdigsten Erscheinungen der Wissenschaftsgeschichte. Seine Wirkungen sind bis heute unabsehbar. William Blake, Goethe, Ralph Waldo Emerson waren nur einige jener, die sich durch ihn inspiriert fühlten. Auch in der Gehirnforschung leistete er wichtige Beiträge. Seine visionäre Exzentrizität hat seine Forschung zum Teil beflügelt, zum Teil in ein Abseits driften lassen, denn nur wenige werden sich heute noch wissenschaftlich mit Swedenborg auseinandersetzen wollen, außer sie seien von historischem Interesse geleitet.

Wir haben gesehen, dass Exzentrizität viele Gesichter hat, teilweise auch mehrere gleichzeitig. Manchmal hat sie Forschung beflügelt, indem sie dazu beitrug, die Dinge frisch und neu zu sehen, unter fremden Blickwinkel. Ein anderes Mal konnte sie hemmend wirken. Dennoch ist festzuhalten: ohne eine gewisse Verlagerung des Zentrums, ohne Asymmetrien des Denkens und Sehens kann es keine geistigen Fortschritte geben, denn jede Bewegung erfordert Verlagerung von Schwerpunkten, wie jeder weiß, der schon mal seinen Fuß erhoben oder ein Rad bestiegen hat. Wenn Exzentriker in den Wissenschaften auftreten, gilt es, sie differenziert zu beobachten, denn ihre Erkenntnisse können, auch wenn sie dies nicht immer tun, die Wissenschaften voranbringen. Exzentriker haben zumindest diesen Vorteil: ihr blinder Fleck ist nicht der, den die öffentliche Meinung besetzt hält. Denn, wie G.K. Chesterton einmal schrieb, interessant sei an jeder Generation genau das, woran diese nie gedacht hat.

Literaturangaben

Benz, Ernst. *Emanuel Swedenborg: Naturforscher und Seher*. Zürich: Swedenborg Verlag 1969.

Chesterton, Gilbert Keith. *Come to Think of It. A Book of Essays*. London: Methuen 1930.

Di Trocchio, Federico. *Newtons Koffer. Querdenker und ihre Umwege in die Wissenschaft*. Reinbek bei Hamburg: Rowohlt 2001.

Fischer, Ernst Peter. *Die aufschimmernde Nachtseite der Wissenschaft*. Lengwil: Libelle 1995.

Gardner, Martin. *Fads and Fallacies in the Name of Science*. New York: Dover 1957.

Hecht, Martin. *Unbequem ist stets genehm. Die Konjunktur der Querdenker*. Wien: Büchergilde Gutenberg 1998.

Hemming, Henry. *In Search of the English Eccentric*. London: John Murray 2009.

Kalka, Joachim. *Phantome der Aufklärung. Von Geistern, Schwindlern und dem Perpetuum Mobile*. Berlin: Berenberg 2006.

Kuhn, Thomas S. *Die Struktur wissenschaftlicher Revolutionen*. Frankfurt/M.: Suhrkamp 1976.

Michell, John. *Exzentrische Leben und merkwürdige Angewohnheiten*. Frankfurt/M.: Zweitausendeins 1992.

Naujokat, Gerhard, Hg. *Gott als Querdenker: Die Zehn Gebote aktualisiert für die Gegenwart*. Neuendettelsau: Freimund Verlag 2007.

Ramachandran, Vilayanur. *Eine kurze Reise durch Geist und Gehirn*. Reinbek bei Hamburg: Rowohlt 2005.

Schenkel, Elmar. *Die elektrische Himmelsleiter. Exzentriker und Visionäre in den Wissenschaften*. München: Beck 2005.

Sitwell, Edith. *The English Eccentrics*. London: Faber 1933.

Storr, Anthony. *Die schöpferische Einsamkeit. Das Geheimnis der Genies*. Wien: Zsolnay 1990.

Tissot, Samuel-Auguste. *Von der Gesundheit der Gelehrten*. Zürich: Füeßlin und Compagnie 1768.

Waldrich, Hans-Peter. *Grenzgänger der Wissenschaft*. München: Kösel 1993.

Weeks, David. *Exzentriker. Über das Vergnügen, anders zu sein*. Reinbek bei Hamburg: Rowohlt 1997.

Wolpert, Lewis. *The Unnatural Nature of Science*. London: Faber and Faber 1993.

Anmerkungen zu den Autoren

Lothar Beyer ist emeritierter ordentlicher Professor für Anorganische Chemie an der Universität Leipzig und Dr. h. c. der San Marcos Universität Lima/Peru. Seine Forschungsgebiete sind die Koordinationschemie und die Geschichte der Chemie. Er ist Autor bzw. Koautor der Lehrbücher *Anorganische Chemie-Grundkurs* (1978), *Química Inorgánica* (Barcelona, 2000), *Química de Coordinacion* (Lima, 2010) sowie u. a. der Bücher *De Artes Chemiae* (2003), *Chemische Wegzeichen* (2008), *Chymie im 18. Jahrhundert an der Universität Leipzig* (2010) und Mitherausgeber von *Chemie an der Universität Leipzig* (2009).

Ernst Peter Fischer ist diplomierter Physiker, promovierter Biologe, habilitierter Wissenschaftshistoriker, Buchautor und Vermittler. Professor (apl.) für Wissenschaftsgeschichte an der Universität in Heidelberg; freie Tätigkeiten als Wissenschaftsvermittler und Berater, unter anderem für die Stiftung Forum für Verantwortung; Autor zahlreicher Bücher – zuletzt: *Die Charité – Ein Krankenhaus in Berlin* (2009), *Die kosmische Hintertreppe* (2010), *Laser* (2010), *Das große Buch der Elektrizität* (2011).

Jonas Flöter Jonas Flöter, Dr. phil., Privatdozent für Allgemeine und Historische Pädagogik an der Erziehungswissenschaftlichen Fakultät der Universität Leipzig; Lehrbeauftragter für Geschichtsdidaktik am Historischen Institut der Friedrich-Schiller-Universität Jena; Studienrat am Domgymnasium Naumburg. Forschungsschwerpunkte: Europäische Bildungsgeschichte, Didaktik der Geschichte, Theorie von Bildung und Erziehung, Universitäts- und Wissenschaftsgeschichte, Mäzenatentumsforschung, Mitteleuropäische Verfassungs-, Politik- und Diplomatiegeschichte. Jonas Flöter/Christian Ritzi (Hrsg.): Hugo Gaudig. *Schule im Dienste der freien geistigen Arbeit. Darstellungen und Dokumente*, Bad Heilbrunn 2012.

Gottfried Geiler ist emeritierter Ordinarius des Instituts für Pathologie der Universität Leipzig. Seine Hauptarbeitsgebiete sind Immunpathologie, Gelenkpathologie und Rheumapathologie. Er war von 1998 bis 2005 als Ombudsman für die DFG tätig. Er ist Ehrenmitglied der Deutschen Akademie der Naturforscher Leopoldina, Ehrendoktor der medizinischen Fakultät Leipzig, Träger des Bundestverdienstkreuzes und der Rudolf-Virchow Medaille.

Christoph Kähler war unter anderem als Dekan und Prorektor an der Universität Leipzig tätig sowie als Landesbischof der Evangelisch-Lutherischen Kirche in Thüringen und in der Evangelischen Kirche in Mitteldeutschland.

Uwe Pörksen war bis 2000 Professor für deutsche Sprache und Ältere Literatur in Freiburg. Er ist als Sprachkritiker bekannt, vor allem durch seine Werke *Plastikwörter* und *Die politische Zunge: Eine kurze Kritik der öffentlichen Rede*. Außerdem ist er als Autor literarischer Werke hervorgetreten.

Elmar Schenkel ist Professor für Englische Literatur an der Universität Leipzig und leitet den Arbeitskreis studium universale. Seine Forschungsschwerpunkte sind die Wechselbeziehungen zwischen Literatur, Naturwissenschaft und Religion. Zuletzt erschienen: *Cyclomanie - Literatur und Fahrrad* (2008), *Vom Rausch der Reise,* Essays (2012) und *Zahlen und Gärten*, Essays (2012). Außerdem ist Elmar Schenkel Autor von Romanen und Reisebüchern.

Martin Schubert, Dr. rer. nat. (geb. 1969), hat nach dem Physikstudium in Frankfurt am Main an der Universität Leipzig auf dem Gebiet der Ultraschallmikroskopie promoviert. Er gründete 1999 ein High-tech-Startup für innovative Abstandssensorik und wechselte später als Geschäftsführer eines Aus- und Weiterbildungszentrums die Branche. 2004 kehrte er zur Wissenschaft zurück und wurde am Leibniz-Institut für Neue Materialien in Saarbrücken zuerst Koordinator, dann Geschäftsführer des bundesdeutschen Nanotechnologie-Kompetenzzentrums cc-NanoChem. Seit 2010 ist er an der Hochschule für Technik, Wirtschaft und Kultur Leipzig Leiter des Hochschulzentrums für überfachliche Bildung und verantwortet das Studium generale dieser Hochchule.

Katharina Spanel-Borowski studierte Humanmedizin in Bonn von 1963–1969. Sie war Fachärztin im Fach Pathologie vor ihrer Spezialisierung im Fach Anatomie in Ulm, Lübeck und Basel. Die Autorin leitete das Institut für Anatomie in Leipzig von 1997–2009. Seit ihrer Habilitation in Ulm im Jahr 1984 stehen Proliferations-und Involutionsprozesse im Ovar im Mittelpunkt ihrer wissenschaftlichen Arbeit. Die angeborene Immunität wird in retrospektiver Analyse als verborgene Kraft im Ovar beschrieben.

Pirmin Stekeler-Weithofer, Jahrgang 1952, ist seit 1992 Gründungsprofessor für das Lehrgebiet Theoretische, d.h. Systematische, Philosophie an der Universität Leipzig mit Forschungsschwerpunkten in der Philosophie der Sprache und ihrer Logik, der Philosophie der Wissenschaften und einer Art kritischer Theorie der Praxis bzw. des (gemeinsamen) Handelns. Im Bereich der Philosophiegeschichte (ein Buch mit dem Titel ist in der Reihe Grundthemen Philosophie 2006 erschienen) kümmert er sich besonders um Heraklit, Parmenides, Platon, Kant, Hegel, Heidegger und Wittgenstein; letzte Monographie: „Grundthemen Philosophie: Sinn“, Berlin (de Gruyter) 2011.

FSC
www.fsc.org
MIX
Papier | Fördert gute Waldnutzung
FSC® C083411

Kolibri 360 GmbH
Ferdinand-Jühlke-Straße 7
99095 Erfurt, Deutschland
produktsicherheit@kolibri360.de